AF475737

~~Double~~

S. 834 (733)
7. a.

S

11783

LETTRES

SUR

LES ANIMAUX.

A NUREMBERG.

1768.

LETTRES SUR LES ANIMAUX.

BIBLIOTHÈQUE NATIONALE

PREMIERE LETTRE.

De Nuremberg, le 4 Septembre 1762.

NOTRE ami M. *** m'écrivit dernierement de Paris, Monſieur, qu'il vous avoit parlé de quelques eſſais ſur l'hiſtoire naturelle des animaux, auxquels je me ſuis amuſé dans mes momens perdus. Il prétend même que, pour dégager ſa parole, je ſuis dans l'obligation de vous en faire part.

746

J'ai bien peur qu'il n'ait commis une imprudence : mes obſervations n'ont point été faites ſur des animaux ſinguliers & peu connus ; l'objet que je me ſuis toujours propoſé exigeoit qu'elles ſe portaſſent ſur les eſpeces les plus communes, & qu'on peut tous les jours avoir ſous les yeux. Je ne peux point vous donner d'hiſtoire auſſi piquante que celle des ours marins, que M. Steller a publiée. Point de faits extraordinaires ; ſeulement la vie commune de pluſieurs animaux, obſervée ſous un point de vue qui peut avoir quelque nouveauté : c'eſt à quoi ſe borne tout ce que j'ai à vous offrir.

Les deſcriptions anatomiques, les caracteres extérieurs qui diſtinguent les eſpeces, les inclinations naturelles qui les différencient, ſont ſans doute des objets très-importans de l'hiſtoire des bêtes ; mais quand tout cela eſt connu, il me ſemble qu'il y a encore beaucoup à faire pour le philoſophe. Tous ces êtres organiſés, que le créateur a raſſemblés pour l'ornement de l'univers, ont un principe commun d'action qu'il n'eſt pas poſſible de méconnoître : il eſt modifié dans chaque eſpece par les différences de l'organiſation. Mais en examinant ſes effets avec attention, on le reconnoît dans toutes ſes modifications ; & les animaux, enviſagés ſous ce point de vue, me paroiſſent devenir beaucoup plus intéreſſans. L'inſtinct proprement dit conſiſte dans les inclinations qui appartiennent à l'eſpece ; mais toutes les eſpeces ſont affectées d'une maniere qui leur appartient à toutes. Si ces affections ne produiſent pas toujours les mêmes phénomenes, il eſt aiſé d'appercevoir que la différence n'en eſt dûe qu'à celle des moyens que l'organiſation donne aux animaux. Nous ne ſaurons jamais ſans doute de quelle nature eſt l'ame des bêtes, & il faut convenir que cela nous importe aſſez peu. Nous ſommes très-aſſurés que la nôtre eſt immatérielle & immortelle : la certitude que nous en avons eſt le fondement de nos plus cheres eſpérances. Que l'ame des bêtes ſoit immatérielle ou non, il eſt toujours certain qu'elle ne peut jamais avoir la deſtination glorieuſe qui eſt réſervée à la nôtre; ainsi la religion n'est nullement intéressée dans l'examen qu'on peut faire des facultés dont les animaux sont doués. Mais de même qu'en observant la structure intérieure du corps des animaux, nous appercevons des rapports d'organes qui servent souvent à nous éclairer sur la structure & l'usage des parties de notre propre corps; ainsi en observant les actions produites par la sensibilité, qu'ils ont ainsi que nous, on peut acquérir des lumieres sur le détail des opérations de notre ame, relativement aux mêmes sensations.

Je dis, Monsieur, que les bêtes sentent comme nous; & je crois que pour penser autrement, il faudroit absolument fermer ses yeux & son cœur. Celui qui pourroit entendre, sans être ému, les cris plaintifs d'un animal, ne seroit pas fort sensible à ceux d'un homme. Il est bien vrai que nous n'avons de certitude complette que de nos propres sensations; mais les accens de la douleur, les marques visibles de la joie, qui nous assurent de la sensibilité de nos semblables, déposent avec autant de force en faveur de celle des bêtes. On n'auroit aucun moyen d'acquérir des connoiſſances, s'il falloit réclamer contre les impreſſions de notre ſentiment intime ſur des faits auſſi ſimples.

Il me paroît donc impoſſible de ne pas admettre le ſentiment dans les bêtes. Les plus obſtinés partiſans de l'automatiſme leur accordent encore tacitement la mémoire, car ils veulent avoir des chiens ſages, & les corrigent. Ces faits étant admis, le naturaliſte, après avoir bien obſervé la ſtructure des parties, ſoit extérieures, ſoit intérieures, des animaux, & deviné leur uſage, doit quitter le ſcalpel, abandonner ſon cabinet, s'enfoncer dans les bois pour ſuivre les allures de ces êtres ſentans, juger des développemens & des effets de leur faculté de ſentir, & voir comment, par l'action répetée de la ſenſation & l'exercice de la mémoire, leur inſtinct s'éleve juſqu'à l'intelligence.

Les ſenſations & la mémoire ont des effets néceſſaires, qui ne doivent pas échapper à l'obſervateur. Les bêtes font un grand nombre d'actions qui ne ſuppoſent que ces deux facultés; mais il en eſt d'autres qu'on ne pourroit jamais expliquer par ce qui appartient à ces facultés ſeules, ſans y joindre leur cortege naturel. Il faut donc que le naturaliſte diſtingue avec beaucoup de préciſion ce qui eſt produit par la ſenſation ſimple, par la réminiſcence, par la comparaiſon entr'un objet préſent & un autre que la mémoire rappelle, par le jugement qui eſt un réſultat de la comparaiſon, par le choix qui eſt une ſuite du jugement, enfin par la notion de la choſe jugée, qui s'établit dans la mémoire, & que la répétition des actes rend habituelle & preſque machinale. Voilà, Monſieur, des diſtinctions qui doivent être toujours préſentes à l'attention de l'obſervateur. La forme tant intérieure qu'extérieure, la durée de l'accroiſſement & de la vie, la maniere de ſe nourrir, les inclinations dominantes, la maniere & le tems de l'accouplement, celui de la geſtation, *&c.* ce ne ſont là proprement que des objets de premiere vue, ſur leſquels il ſuffit d'avoir les yeux ouverts; mais ſuivre l'animal dans toutes ſes opérations, pénétrer dans les motifs secrets de ses déterminations, voir comment les sensations, les besoins, les obstacles, les impressions de toute espece dont un être sentant est assailli, multiplient ses mouvemens, modifient ses actions, étendent ses connoissances, c'est ce qui me paroît être spécialement du domaine de la philosophie.

M. Steller, dans le mémoire qu'il nous a donné sur les ours marins, a rempli cette tâche du philosophe avec plus de soin que n'en ont apporté beaucoup de naturalistes; & M. de Buffon l'a fait encore plus abondamment dans ce qu'il a donné au public de l'histoire des animaux: mais celui qui voudroit se familiariser avec eux, & prendre la peine d'étudier long-tems leurs actions pour deviner leurs intentions, y trouveroit matiere à des spéculations bien plus étendues, & même d'un genre différent.

Je voudrois, par exemple, Monsieur, pour que nous eussions l'histoire complette d'un animal, qu'après avoir rendu compte de son caractere essentiel, de ses appétits naturels, de sa maniere de vivre, *&c.* on cherchât à l'obſerver dans toutes les circonſtances qui peuvent mettre des obſtacles à la ſatisfaction de ſes beſoins : circonſtances dont la variété rompt l'uniformité ordinaire de ſa marche & le force à inventer de nouveaux moyens.

Si c'eſt un animal carnacier dont on écrit l'hiſtoire, ce n'eſt pas aſſez d'indiquer en général quels animaux lui ſervent de proie, ni comment il s'en ſaiſit ; il faudroit voir par quels degrés l'expérience lui apprend à rendre ſa chaſſe plus facile & plus ſûre, comment la diſette éveille ſon induſtrie, combien les reſſources qu'il emploie ſuppoſent de faits connus, retracés par la mémoire & combinés enſemble par la réflexion. Il faudroit encore obſerver tout ce que l'activité des différentes paſſions auxquelles l'animal eſt ſujet, comme la crainte, l'amour, *&c.* apporte de modifications à ſes démarches, combien la vivacité des beſoins écarte les idées de la crainte, & juſqu'à quel point une défiance acquiſe par l'expérience, balance en lui le ſentiment du beſoin. Ce n'eſt qu'en ſuivant ainſi l'animal dans ſes différens âges & dans les événemens de ſa vie, qu'on peut parvenir à connoître le développement de son instinct & la mesure de son intelligence. S'il est d'une espece qui vive en société, ou toute l'année, ou seulement pendant un certain tems, il est nécessaire de bien remarquer tout ce que l'association ajoute aux intentions & aux démarches de l'animal considéré comme solitaire. La connoissance approfondie de tous ces différens ordres, embelliroit encore aux yeux du philosophe le spectacle de l'univers, & ne pourroit qu'exciter son admiration pour l'Être suprême qui a varié à l'infini les affections ainsi que les formes, & fait tout concourir au plan éternel dont lui seul a le secret.

Les effets de la faculté de sentir dans des sujets qui, par leurs organes, ont moins de rapports avec les objets extérieurs, doivent donner des phénomenes moins compliqués, dont l'observation facile & sûre serviroit à développer ceux où il entre plus de combinaisons. On verroit dans quelques especes la sensation obtuse & presque sans activité, n'enfanter qu'un petit nombre de mouvemens spontanés ; dans d'autres, ſon intenſité les multiplieroit : on en verroit ſortir le deſir & l'inquiétude qui produiſent l'attention dans les êtres ſentans, & deviennent par-là les vraies ſources de leurs connoiſſances. De même que la géométrie s'éleve de la conſidération des propriétés d'une ligne ſimple aux ſpéculations les plus ſublimes, ainſi l'obſervation s'éleveroit de la ſenſation la plus ſimple juſqu'à ſes effets les plus compliqués, & les gradations obſervées dans le monde ſentant, marcheroient de pair avec celles qui frappent dans le monde viſible.

Il me ſemble, Monſieur, que ce coup-d'œil jetté ſur l'hiſtoire naturelle des animaux, la rendroit plus intéreſſante en elle-même & plus propre à occuper les gens qui aiment à réfléchir. J'ai vécu pendant long-tems avec les bêtes, j'en ai ſuivi pluſieurs eſpeces avec beaucoup d'attention, & j'ai vu que la morale des loups pouvoit éclairer ſur celle des hommes. Si vous voulez, Monſieur, me promettre de l'indulgence pour mon ſtyle étranger, & faire grace à mes *germaniſmes*, je vous donnerai volontiers quelques essais faits sur le plan dont je viens de vous tracer l'esquisse. Je me ferai un vrai plaisir de dégager la parole de mon ami, & de vous donner en même tems des marques de l'estime infinie avec laquelle j'ai l'honneur d'être, *&c.*

SECONDE LETTRE.

J'ai avancé, Monsieur, dans la premiere lettre que j'ai eu l'honneur de vous écrire, que sans nous refuser à notre sentiment intime, à ce sentiment qui seul nous assure que nos semblables sont doués des mêmes facultés que nous reconnoissons en nous, il étoit impossible de nier que les bêtes n'eussent des sensations & de la mémoire. Le détail de leurs actions prouve encore qu'elles ont les résultats naturels de ces deux facultés; ou bien il faudroit admettre des jugemens & des déterminations sans motifs, c'est-à-dire une multitude d'effets sans cause. De-là on peut pressentir que, parmi les bêtes, celles-là doivent avoir un plus grand ensemble de connoissances, qui, en vertu de leur organisation & de leurs appétits, ont un plus grand nombre de rapports avec les objets qui les environnent. Il doit arriver encore que, si dans chaque espece les connoissances sont limitées par l'organisation & la nature des appétits, les circonstances qui rendent la satisfaction des besoins plus ou moins facile pour les individus, étendent plus ou moins leurs idées. Que chaque espece en ait qui lui soient particulieres, & qu'à quelques égards elle y soit bornée, cela est tout simple. La brebis qui se nourrit d'herbe, ne prend aucun intérêt aux ruses du renard poursuivant une proie qui cherche à l'éviter. Mais toutes les especes doivent avoir également un exercice de sensations ou de pensées, qui s'étende à tout ce qui est relatif à leurs besoins & à leur sûreté. C'est-là ce qui doit décider si les bêtes ont réellement les résultats naturels de la sensation & de la mémoire. Quoiqu'il fût difficile de concevoir l'existence de ces deux facultés sans admettre leur action qui me paroît impossible, il faudroit bien alors consentir à cet étrange phénomene; mais ce sont les faits qui doivent nous instruire là-dessus. Nos réflexions n'ont pas droit de les prévenir.

Parmi les animaux, ceux que leur appétit porte à se nourrir de chair, ont un plus grand nombre de rapports que les autres, avec les objets qui les environnent : aussi marquent-ils une plus grande étendue d'intelligence dans les détails ordinaires de leur vie. La nature leur a donné des sens exquis avec beaucoup de force & d'agilité ; & cela étoit nécessaire, parce qu'étant, pour se nourrir, en relation de guerre avec d'autres especes, ils périroient bientôt de faim, s'ils n'avoient que des moyens naturels, inférieurs, ou même égaux. Mais ce n'est pas uniquement à la finesse de leurs sens qu'ils doivent la mesure de leur intelligence. Ce sont les intérêts vifs, comme les difficultés à vaincre & les périls à éviter, qui tiennent sans cesse en exercice la faculté de sentir, & impriment dans la mémoire de l'animal des faits multipliés, dont l'ensemble constitue la science qui doit présider à sa conduite. Ainsi dans les lieux éloignés de toute habitation, & où en même tems le gibier est abondant, la vie des bêtes carnassieres est bornée à un petit nombre d'actes simples & assez uniformes. Elles passent successivement d'une rapine aisée au sommeil. Mais lorsque la concurrence de l'homme met des obstacles à la satisfaction de leurs appétits, lorsque cette rivalité de proie prépare des précipices sous les pas des animaux, seme leur route d'embûches de toute espece & les tient éveillés par une crainte continuelle; alors un intérêt puissant les force à l'attention, la mémoire se charge de tous les faits relatifs à cet objet, & les circonstances analogues ne se présentent pas sans les rappeller vivement.

Ces obstacles multipliés donnent à l'animal deux manieres d'être qu'il est bon de considérer à part. L'une est purement naturelle, très-simple, bornée à un petit nombre de sensations; telle est peut-être à certains égards la vie de l'homme sauvage. L'autre est factice, beaucoup plus active & pleine d'intérêts, de craintes & de mouvemens, qui représentent en quelque sorte les agitations de l'homme civilisé. La premiere est plus également la même dans toutes les especes carnassieres. L'autre varie davantage d'une espece à l'autre, en raison de l'organisation plus ou moins heureuse. Il faut en faire la comparaison.

Le loup est le plus robuste des animaux carnassiers des climats tempérés de l'Europe. La nature lui a donné aussi une voracité & des besoins proportionnés à sa force ; il a d'ailleurs des sens exquis, avec une vue perçante & une excellente ouie ; il a un nez qui l'instruit encore plus sûrement de tout ce qui s'offre sur sa route. Il apprend par ce sens, lorsqu'il est bien exercé, une partie des relations que les objets peuvent avoir avec lui : je dis lorsqu'il est exercé, car il y a une différence très-sensible entre les démarches du loup jeune & ignorant, & celles du loup adulte & instruit.

Les jeunes loups, après avoir passé deux mois au liteau, où le pere & la mere les nourrissent, suivent enfin leur mere qui ne pourroit plus fournir seule à une voracité qui s'accroît tous les jours. Ils déchirent avec elle des animaux vivans, s'essayent à la chasse & parviennent par degrés à pourvoir avec elle à leurs besoins communs. L'exercice habituel de la rapine, sous les yeux & à l'exemple d'une mere déja instruite, leur donne chaque jour quelques idées relatives à cet objet.

Ils apprennent à reconnoître les forts où se retire le gibier : leurs sens sont ouverts à toutes les impressions ; ils s'accoutument à les distinguer entre elles, & à rectifier par l'odorat les jugemens que leur font porter les autres sens. Lorsqu'ils ont huit ou neuf mois, l'amour force la louve à quitter la portée de l'année précédente, pour s'attacher à un mâle. Ce besoin pressant anéantit la tendresse de mere ; elle fuit, ou chasse ces enfans qui ne doivent plus avoir besoin d'elle, & les jeunes loups se trouvent abandonnés à leurs propres forces. La famille reste encore unie pendant quelque tems, & cette association lui seroit assez nécessaire ; mais la voracité naturelle à ces animaux les sépare bientôt, parce qu'elle ne peut plus souffrir le partage de la proie. Les plus forts restent maîtres du terrein, & ceux qui sont plus foibles vont ailleurs traîner une vie souvent exposée à finir par la faim. D'ailleurs le peu d'expérience qu'ils ont encore les livre à tous les périls que les hommes leur préparent. C'est alors sur-tout qu'ils vont chercher dans les campagnes les cadavres d'animaux, parce qu'ils n'ont encore ni la force, ni l'habileté qui y ſupplée. Lorſqu'ils réſiſtent à ce tems de néceſſité, leurs forces augmentées & l'inſtruction qu'ils ont acquiſe leur donnent plus de facilités pour vivre. Ils ſont en état d'attaquer de grands animaux, dont un ſeul les nourrit pendant plusieurs jours: lorſqu'ils en ont abattu un, ils le dévorent en partie & en cachent ſoigneuſement les reſtes; mais cette précaution ne les ralentit point ſur la chaſſe, & ils n'ont recours à ce qu'ils ont caché que quand elle a été malheureuſe. Le loup vit ainſi dans les alternatives de la chaſſe pendant la nuit, & d'un ſommeil inquiet & léger pendant le jour. Voilà ce qui regarde ſa vie purement naturelle; mais dans les lieux où ſes beſoins ſe trouvent en concurrence avec les deſirs de l'homme, la néceſſité continuelle d'éviter les pieges qu'on lui tend & de pourvoir à ſa ſûreté, le contraint d'étendre la ſphere de ſon activité & de ſes idées à un bien plus grand nombre d'objets. Sa marche, naturellement libre & hardie, devient précautionnée & timide; ses appétits sont souvent suspendus par la crainte; il distingue les sensations qui lui sont rappellées par la mémoire de celles qu'il reçoit par l'usage actuel de ses sens. Ainsi, en même tems qu'il évente un troupeau enfermé dans un parc, la sensation du berger & du chien lui est rappellée par la mémoire, & balance l'impression actuelle qu'il reçoit par la présence des moutons; il mesure la hauteur du parc, il la compare avec ses forces, il juge de la difficulté de le franchir lorsqu'il sera chargé de sa proie, & il en conclud l'inutilité ou le danger de la tentative. Cependant au milieu d'un troupeau répandu dans la campagne, il saisira un mouton, à la vue même du berger, sur-tout si le voisinage du bois lui laisse l'espérance de s'y cacher avant d'être atteint. Il ne faut pas beaucoup d'expérience à un loup adulte qui vit dans le voisinage des habitations, pour apprendre que l'homme est son ennemi. Dès qu'il paroît il est poursuivi; l'attroupement & l'émeute lui annoncent combien il est craint, & tout ce que lui-même il doit craindre. Aussi toutes les fois que l'odeur d'homme vient frapper son nez, elle réveille en lui les idées du danger. La proie la plus séduisante lui est inutilement présentée, tant qu'elle a cet accessoire effrayant; & même lorsqu'elle ne l'a plus, elle lui reste long-tems suspecte. Le loup ne peut alors avoir qu'une idée abstraite du péril, puisqu'il n'a pas la connoissance particuliere du piege qu'on lui tend: cependant il ne parvient à surmonter cette idée qu'en s'approchant de l'objet par degrés presque insensibles; plusieurs nuits suffisent à peine à le rassurer. Le motif de la défiance n'existe plus, mais il est rappellé par la mémoire, & la défiance dure encore. L'idée de l'homme réveille celle d'un piege qu'il ne connoît pas, & rend suspects les appâts les plus friands.

Timeo Danaos & dona ferentes.

C'est une science que le loup est forcé d'acquérir pour l'intérêt de sa conservation, qui ne manque jamais au loup adulte qui a quelqu'expérience, & qui s'étend plus ou moins selon les circonstances qui l'obligent à revenir sur lui-même & à réfléchir.

Sans argumenter comme nous, il est du moins nécessaire qu'il compare entre elles les sensations qu'il a éprouvées, qu'il juge des rapports que les objets ont entr'eux, & de ceux qu'ils peuvent avoir avec lui; sans quoi il lui seroit impossible de prévoir ce qu'il a à craindre ou à espérer de ces objets. Cependant le loup est le plus brute de nos animaux carnassiers, parce qu'il est le plus fort : naturellement plus grossier que défiant, l'expérience le rend précautionné, & la nécessité, industrieux ; mais il n'a ces qualités que par acquisition, & ce ne sont point ses moyens naturels. Si on le chasse avec des chiens courans, il ne se dérobe à la poursuite que par la supériorité de sa vîtesse & de son haleine ; il n'a point recours aux retours & aux autres ruses des animaux plus foibles. La seule précaution qu'il prenne & qu'en effet il ait à prendre, c'est de fuir toujours le nez au vent : le rapport de ce sens l'instruit fidelement des objets dangereux qui peuvent se rencontrer sur sa route. Il a appris à comparer le degré de sensation que l'objet lui fait éprouver, avec la distance où il se trouve, & la distance avec le danger qu'il peut en craindre : il s'en détourne assez pour l'éviter, mais sans perdre le vent, qui est toujours sa boussole. Comme il est vigoureux & exercé, & que souvent la chasse l'a forcé de parcourir une grande étendue de pays, il dirige sa course vers les lieux éloignés qu'il connoît, & on ne parvient à le dévoyer qu'en multipliant les embuscades avec beaucoup d'attirail & d'apprêt.

Tout animal qui passe successivement de la chasse au sommeil, & qui par conséquent n'est point sujet à l'ennui, ne peut avoir que trois motifs qui l'intéressent & qui deviennent les principes de ses connoissances, de ses jugemens, de ses déterminations & de ses actions : la recherche de sa nourriture, les précautions relatives à sa sûreté, & le soin de se procurer une femelle lorsqu'il est pressé du besoin de l'amour. Nous voyons que le loup emploie, quant à la recherche de sa nourriture, toute l'industrie qui convient à sa force. Il prend des mesures pour s'assurer du lieu où il trouvera sa proie ; & si dans cette recherche il choisit un lieu plutôt qu'un autre, ce choix suppose des faits précédemment connus. Il observe ensuite pendant long-tems les différens genres de péril auxquels il s'expose ; il les évalue, & ce calcul de probabilités le tient en suspens jusqu'à ce que l'appétit vienne mettre un poids dans la balance & le déterminer volontairement. Les précautions relatives à la sûreté exigent plus de prévoyance, c'est-à-dire, un plus grand nombre de faits gravés dans la mémoire. Il faut ensuite comparer tous ces faits avec la sensation actuelle que l'animal éprouve, juger du rapport qu'il y a entre ces faits & la sensation, enfin se déterminer d'après le jugement porté. Toutes ces opérations sont absolument nécessaires ; & par exemple, on auroit tort de croire que la crainte qu'excite un bruit soudain, fût pour la plupart des animaux carnassiers une impression purement machinale. L'agitation d'une feuille n'excite dans un jeune loup qu'un mouvement de curiosité ; mais le loup instruit, qui a vu le mouvement d'une feuille annoncer un homme, s'en effraye avec raison, parce qu'il juge du rapport qu'il y a entre ces deux phénomenes. Lorsque les jugemens ont été souvent répétés, & que la répétition a rendu habituelles les actions qui en sont la suite, la promptitude avec laquelle l'action suit le jugement, la fait paroître machinale; mais avec un peu de réflexion, il est impossible de méconnoître la gradation qui y a conduit, & de ne pas la rappeller à son origine. Il peut arriver que l'idée de ce rapport entre le mouvement d'une feuille & la présence d'un homme, ou de tel autre objet, soit très-vive & réalisée par différentes occasions : alors elle s'établira dans la mémoire comme idée générale. Le loup se trouvera sujet à la chimere & à de faux jugemens qui seront le fruit de l'imagination; & si ces faux jugemens s'étendent à un certain nombre d'objets, il deviendra le jouet d'un systême illusoire qui le précipitera dans une infinité de démarches fausses, quoique conséquentes aux principes qui se seront établis dans son imagination. Il verra des pieges où il n'y en a point; la frayeur déréglant sa mémoire, lui représentera

repréſentera dans un autre ordre les différentes ſenſations qu'il aura reçues, & ſon imagination en compoſera des formes trompeuſes, auxquelles il attachera l'idée abſtraite du péril. C'eſt en effet ce qu'il eſt aiſé de remarquer dans les animaux carnaſſiers, par-tout où ils ſont ſouvent chaſſés & continuellement aſſiégés d'embûches. Leurs démarches n'ont plus l'aſſurance ni la liberté de la nature. Le chaſſeur, en ſuivant les pas de l'animal, ne cherche qu'à découvrir le lieu de ſon rembûchement; mais le philoſophe y lit l'hiſtoire de ſes penſées; il démêle ſes inquiétudes, ſes frayeurs, ſes eſpérances; il voit les motifs qui ont rendu ſa marche précautionnée, qui l'ont ſuſpendue, qui l'ont accélérée; & ces motifs ſont certains, ou, comme je l'ai déja dit, il faudroit ſuppoſer des effets ſans cauſe.

Il eſt difficile de ſavoir ſi l'amour fournit aux loups un grand nombre d'idées; il eſt certain ſeulement que les mâles ſont plus nombreux que les femelles, qu'entr'eux il y a des combats ſanglans pour jouir, & qu'il s'établit un mariage : mais on ne ſait pas ſi la louve en chaleur reſte la proie du plus fort, ou ſi un choix libre la livre aux empreſſemens du mieux aimé. On ſait cependant qu'il entre dans la conduite de la louve une ſorte de coquetterie qui eſt commune à toutes les femelles dans toutes les eſpeces : elle entre en chaleur la premiere, mais elle diſſimule ou même refuſe aſſez longtems ce qu'elle deſire ; & il eſt aſſez vraiſemblable qu'il entre du choix dans ſon aſſociation, car elle s'enfuit avec celui qui reſte ſon mari, & ſe dérobe aux autres prétendans. Alors & pendant tout le tems de la geſtation, elle demeure avec celui qu'elle a adopté ou qui l'a conquiſe, & enſuite ils partagent enſemble les ſoins de la famille. Ainſi, quel que ſoit le principe de cette ſociété, elle établit des droits réciproques & fait naître de nouvelles idées. Les loups unis chaſſent enſemble, & le ſecours qu'ils ſe prêtent rend leur chaſſe plus facile & plus ſûre. S'il eſt queſtion d'attaquer un troupeau, la louve va ſe préſenter au chien qu'elle éloigne en ſe faiſant pourſuivre, pendant que le mâle inſulte le parc & emporte un mouton que le chien n'eſt plus à portée de défendre. S'il faut attaquer quelque bête fauve, les rôles se partagent en raison des forces : le loup se met en quête, attaque l'animal, le poursuit & le met hors d'haleine, lorsque la louve, qui d'avance s'étoit placée à quelque détroit, le reprend avec des forces fraîches & rend en peu de tems le combat trop inégal.

Il est aisé de voir combien de telles actions supposent de connoissances, de jugemens & d'inductions ; il paroît même difficile que des conventions de cette nature puissent s'exécuter sans un langage articulé, & c'est ce que nous examinerons ailleurs. Cependant, comme nous l'avons dit, le loup est un des animaux carnassiers qui, attendu sa force, a le moins besoin d'avoir beaucoup d'idées factices, c'est-à-dire, de celles qui se forment par la réflexion qu'on fait sur les sensations qu'on a éprouvées. La nécessité de la rapine, l'habitude du meurtre & la jouissance journaliere de membres d'animaux déchirés & sanglans ne paroissent pas devoir former au loup un caractere moral bien intéressant : cependant, excepté le cas de la rivalité en amour, cas privilégié pour tous les animaux, on ne voit pas que les loups exercent de cruauté directe les uns contre les autres. Tant que la société subsiste entr'eux, ils se défendent mutuellement, & la tendresse maternelle est portée dans les louves jusqu'à l'excès de fureur qui méconnoît entierement le péril. On dit qu'un loup blessé est suivi au sang & enfin achevé & dévoré par ses semblables : mais c'est un fait peu constaté, qui sûrement n'est pas ordinaire, & qui peut avoir été quelquefois l'effet du dernier terme de la nécessité qui n'a plus de loi. Les relations morales ne peuvent pas être fort étendues entre des animaux qui n'ont nul besoin de société : tout être qui mene une vie dure & isolée, partagée entre un travail solitaire & le sommeil, doit être très-peu sensible aux tendres mouvemens de la compassion.

Le renard a les mêmes besoins que le loup, & la même inclination pour la rapine ; il a les sens aussi fins, plus d'agilité & de souplesse ; mais la force lui manque, & il est contraint de la remplacer par l'adresse, la ruse & la patience. Un des premiers effets de l'induſtrie par laquelle il eſt ſupérieur au loup, c'eſt de ſe creuſer un terrier qui le met à l'abri des injures de l'air & lui ſert en même tems de retraite. Pour s'épargner de la peine, il s'empare ordinairement de ceux qu'habitent les lapins; il les en chaſſe & s'y établit. Lorſque quelque raiſon le détermine à changer de pays, ſon premier ſoin eſt d'aller viſiter tous les terriers dont la poſition peut lui convenir, ſur tout ceux qui ont été anciennement habités par des renards. Il les nettoye ſucceſſivement; & ce n'eſt qu'après les avoir tous parcourus, qu'il ſe fixe à la fin: mais s'il eſt troublé, même légerement, dans celui qu'il a choiſi, il en change bientôt, & il ne ſouffre pas que l'inquiétude approche du lieu qu'il deſtine à ſa demeure. Le renard ainſi établi parcourt en peu de tems tous les entours de ſon terrier à une aſſez grande diſtance; il prend connoiſſance des villages, des hameaux, des maiſons iſolées, & il évente les volailles; il s'aſſure des cours où l'on entend des chiens & du mouvement, & de celles où le repos regne ; il reconnoît les hayes & les lieux couverts qui pourroient, en cas de péril, favoriser son évasion. Cet attirail de précautions, tant de possibilités prévues supposent nécessairement beaucoup de faits déja connus : toujours guidé dans sa marche par une défiance raisonnée, il se laisse rarement emporter à l'ardeur de poursuivre une proie qui fuit ; il arrive près d'elle en se traînant, & s'en saisit en sautant légerement dessus. Lorsqu'il est bien assuré que la tranquillité regne dans une basse-cour où il a éventé des volailles, il tâche d'y pénétrer, & son agilité naturelle lui en donne aisément les moyens. Alors, s'il n'est point troublé, il en profite pour multiplier les meurtres, & il emporte ce qu'il a tué, jusqu'à ce que les approches du jour lui fassent craindre moins d'assurance pour sa retraite. Il amasse ainsi des vivres pour plusieurs jours & cache avec soin tous ses restes, pour les retrouver au besoin. Si le renard est établi dans un pays giboyeux, son industrie a d'autres formes à prendre pour suffire à sa voracité : tantôt il parcourt les campagnes, marche le nez au vent, prend connoiſſance ou de quelque lievre au gîte, ou de perdrix couchées dans un ſillon; il en approche en ſilence; ſes pas, marqués à peine ſur la terre molle, annoncent ſa légereté & l'intention qu'il a de ſurprendre : il réuſſit ſouvent. Quelquefois ſa reſſource eſt dans la patience; il ſe gliſſe le long des bois, obſerve le paſſage d'un lapin, ſe cache, attend & le ſaiſit lorſqu'il rentre d'aſſurance. Mais la chaſſe n'eſt pas toujours immédiatement l'objet des courſes du renard : quoique déja raſſaſié, ſa prévoyance active le fait marcher encore, moins dans l'intention de chercher une nouvelle proie que pour prendre des connoiſſances plus ſûres & plus détaillées du pays qui lui fournit à vivre. Il revient ſouvent aux différens terriers qu'il a nettoyés d'abord, il en fait le tour avec beaucoup de précaution, il y entre & en examine avec ſoin les différentes gueules; il s'approche par degrés des objets qui lui ſont nouveaux : toute nouveauté lui eſt d'abord ſuſpecte, & chacun de ſes pas vers l'objet indique la défiance & l'examen. Cependant avec des appâts dont les renards ſont friands, on les fait aiſément donner dans les pieges, lorſqu'ils ne leur ſont pas encore connus; mais ſi-tôt qu'ils ſont inſtruits, les mêmes moyens deviennent inutiles. Il n'eſt point d'appât qui puiſſe alors faire braver au renard le danger qu'il reconnoît ou qu'il ſoupçonne. Il évente le fer du piege; & cette ſenſation, devenue terrible pour lui, l'emporte ſur toute autre impreſſion. S'il s'apperçoit que les embûches ſoient multipliées autour de lui, il quitte le pays pour en chercher un plus ſûr. Quelquefois cependant, enhardi par des approches graduelles & réitérées, guidé par le ſentiment ſûr de ſon nez, il trouvera le moyen de dérober légerement & ſans s'expoſer, un appât de deſſus un piege.

On voit que cette action ſuppoſe, avec ſes circonſtances, une quantité de vues fines & de combinaiſons aſſez compliquées. On ne finiroit point, ſi l'on vouloit détailler toutes les intentions qui lui font changer ſes refuites, les motifs qui balancent en lui le pouvoir de l'habitude, ſi puiſſant ſur tous les animaux, & toutes les variétés que les circonſtances nouvelles jettent dans ſa conduite. Tout cela eſt néceſſaire à un animal foible qui ſe trouve en concurrence avec l'homme, & qui nuit à ſes beſoins ou à ſes plaiſirs. Si c'eſt pour lui un avantage naturel d'avoir une retraite & d'être domicilié, c'eſt auſſi un moyen de plus qu'a ſon ennemi pour l'attaquer : il découvre aiſément ſa demeure & vient l'y ſurprendre ; mais l'homme avec ſes machines, a beſoin lui-même de beaucoup d'expérience, pour n'être pas mis en défaut par la prudence & les ruſes du renard. Si toutes les gueules du terrein ſont maſquées par des pieges, l'animal les évente, les reconnoît, & plutôt que d'y donner, il s'expoſe à la faim la plus cruelle. J'en ai vu s'obſtiner ainſi à reſter juſqu'à quinze jours dans le terrier, & ne ſe déterminer à ſortir que quand l'excès de la faim ne leur laiſſoit plus de choix que celui du genre de mort. Cette frayeur, qui retient le renard, n'eſt alors ni machinale ni inactive : il n'eſt point de tentative qu'il ne faſſe pour s'arracher au péril ; tant qu'il lui reſte des ongles il travaille à ſe faire une nouvelle iſſue, par laquelle il échappe ſouvent aux embûches du chaſſeur. Si quelque lapin enfermé avec lui dans le terrier vient à ſe prendre à l'un des pieges, ou ſi quelqu'autre haſard le détend, l'animal juge que la machine a fait ſon effet, & il y paſſe hardiment & ſûrement. La ſeule paſſion qui faſſe oublier au renard une partie de ſes précautions ordinaires, c'eſt la tendreſſe pour ſa famille : la néceſſité de la nourrir, lorſqu'elle eſt enfermée dans le terrier, rend le pere & la mere, mais ſur-tout celle-ci, plus hardis qu'ils ne le ſont pour eux-mêmes, & cet intérêt preſſant leur fait ſouvent braver le péril. Les chaſſeurs ſavent bien profiter de cette tendreſſe du renard pour ſa famille. La communauté de ſoins & d'intérêts ſuppoſe une ſorte de morale dans l'amour, & des affections qui s'étendent au-delà des beſoins phyſiques proprement dits. Ces animaux, familiariſés avec les ſcenes de ſang, n'entendent pas ſans être émus les cris de leurs petits ſouffrans. Les poules ont ſans doute le droit de ne pas les regarder comme des animaux compatiſſans ;

mais leurs femelles, leurs enfans, & même tous ceux de leur espece, n'ont pas du moins à s'en plaindre. Cette tendre inquiétude, qui porte la renarde à s'oublier elle-même, la rend infiniment attentive à tous les dangers qui peuvent menacer ses petits. Si quelqu'homme approche du terrier, elle les transporte pendant la nuit suivante; & elle est souvent exposée à déloger ainsi, parce que dans ces tems les renards signalent leur voisinage par des ravages plus grands, & qu'on est plus intéressé à s'en défaire.

Outre l'intérêt qu'a l'homme de détruire le renard, il a fait encore de la chasse de cet animal un objet d'amusement. On le chasse avec des bassets ou de petits chiens courans. D'abord l'animal ne s'écarte pas beaucoup de sa retraite & il fait plusieurs randonnées; mais comme on garde ordinairement son terrier, & que souvent il y est tiré, il prend enfin le parti de s'éloigner; & pour retarder la poursuite des chiens, il passe dans les plus épais haillers dont il a la connoissance & l'habitude. Si quelques chasseurs cherchent à prendre les devants pour le tirer au passage, il les évite & tente tout plutôt que de passer à côté d'un homme. J'en ai vu un sauter alternativement jusqu'à trois fois un mur de neuf pieds de haut, pour éviter les embuscades qu'on lui préparoit. Mais enfin, comme il n'a que la fuite pour défense, & qu'il n'a qu'une vigueur moindre que celle des chiens qui le poursuivent, après avoir épuisé tout ce que la fuite peut comporter d'habileté & de variétés, la lassitude le force à se retirer dans quelque terrier où souvent il périt.

On a pu remarquer que la maniere de vivre habituelle du renard & le détail de ses actions journalieres supposent un plan mieux réglé, un ensemble de réflexions plus compliquées, & de vues plus étendues & plus fines que ne le sont celles du loup. La prudence est la ressource de la foiblesse, & souvent elle la guide mieux que l'audace ne conduit la force. Au reste, on remarque également dans ces animaux une aptitude à se perfectionner qui leur est commune, malgré la différence que l'organisation & les besoins mettent dans les résultats : ignorans, grossiers & presqu'imbécilles dans les lieux où l'on ne leur fait pas une guerre ouverte, ils deviennent habiles, pénétrans & rusés, lorsque la crainte de la douleur ou de la mort présentée sous mille formes, leur a fait éprouver des sensations multipliées; qu'elles se sont établies dans leur mémoire; qu'elles ont produit des jugemens; qu'ensuite rappellées par des circonstances intéressantes, l'attention les a combinées avec d'autres & en a tiré des inductions nouvelles. Ces jugemens, qui sont le produit de l'induction, ne sont pas toujours sûrs; mais l'expérience les rectifie, & il est aisé de reconnoître dans les différens âges de ces animaux leurs progrès dans l'art de juger. Dans la jeunesse, l'imprudence & l'étourderie leur font faire beaucoup de fausses démarches; ensuite les périls auxquels ils sont exposés leur causent une frayeur qui souvent égare leur jugement, leur fait regarder comme dangereuses toutes les formes inconnues, attache l'idée abstraite du péril à tout ce qui est nouveau, & les jette par conséquent dans la chimere. Les vieux loups & les vieux renards, que la nécessité a mis souvent dans le cas de vérifier leurs jugemens, sont moins sujets à se laisser frapper par de fausses apparences, mais plus précautionnés contre les dangers réels. Comme une crainte déplacée peut leur faire manquer leur nuit & les réduire à une diete incommode, ils ont un grand intérêt à observer. L'intérêt produit l'attention, l'attention fait démêler les circonstances qui caractérisent un objet & le distinguent d'un autre : la répétition des actes rend ensuite les jugemens aussi prompts & aussi faciles qu'ils sont sûrs. Ainsi les animaux sont perfectibles ; & si la différence de l'organisation met des limites à la perfectibilité des especes, il est sûr que toutes jouissent jusqu'à un certain degré de cet avantage, qui doit nécessairement appartenir à tous les êtres qui ont des sensations & de la mémoire : le sage Auteur de la nature a proportionné dans toutes les moyens aux besoins. En parcourant, Monsieur, quelques autres especes dans la premiere lettre que j'aurai l'honneur de vous écrire, cette vérité se fera sentir de plus en plus. De quelque côté qu'on regarde les ouvrages de l'éternel Artiſan, on ne peut qu'être frappé de la profondeur de ſes vues & rendre hommage à ſa gloire.

J'ai l'honneur d'être, &c.

TROISIEME LETTRE.

L'HISTOIRE des animaux carnaſſiers, dont vous avez vû, Monſieur, quelques eſſais dans ma derniere lettre, donne des ſcenes changeantes que ne peut pas offrir celle des animaux qui vivent d'herbes & de fruits. Une proie fugitive que des attaques répétées rendent elle-même très-induſtrieuſe, la concurrence avec un rival que la ſupériorité de ſes moyens fait regarder comme le roi de la nature, tous les intérêts qui peuvent naître de ces deux états combinés d'attaque & de défenſe, tiennent continuellement éveillée dans les carnaſſiers leur faculté de ſentir & les forcent à une attention, à une habitude de réflexion qui étend chaque jour la meſure de leur intelligence. Les frugivores n'ont aucun beſoin de réfléchir ni de raiſonner pour vivre ; ils ont moins d'idées & plus d'innocence, des mœurs douces, une conduite uniforme qui ne préſente pas beaucoup de révolutions, mais qui donne le ſpectacle du calme & de la paix. On dit que l'hiſtoire d'un peuple ſans paſſions ſeroit une hiſtoire ſans intérêt. Celle des animaux qui ſe nourriſſent d'herbes eſt preſque dans ce cas; elle eſt auſſi ſimple que leurs beſoins: toute leur ſcience ſe borne au ſouvenir d'un petit nombre de faits; & ſi quelques animaux deſtructeurs ne troubloient pas leurs aſyles, ils ſauroient encore moins; mais leur vie ſeroit libre & heureuſe autant qu'elle eſt naturellement uniforme. C'eſt ſur-tout l'homme avide & cruel, qui ne laiſſe pas jouir en paix des fruits de la terre celles des bêtes qui peuvent ſervir à ſa nourriture ou à ſes plaiſirs. S'il fait la guerre aux tyrans carnaſſiers des forêts, ce n'eſt point comme bienfaicteur, c'eſt comme rival, & pour ſe réſerver le droit de dévorer ſeul la proie commune. Le cerf, le daim, le chevreuil, le lievre, le lapin, ſont pour lui des objets de protection & de rapine: la mort de ces animaux eſt la fin derniere des ſoins qu'il en prend. Il eſt vrai que quelques-uns d'entr'eux doivent un aſſez grand nombre d'idées à cette nécessité d'éviter les embûches de l'homme. Ils sont forcés de se composer un systême de défense qu'ils n'auroient point; & si le savoir étoit un bonheur absolu, ils auroient à cet ennemi l'obligation d'avoir contribué au leur, en développant leurs facultés sensitives & intellectuelles; mais le savoir a-t-il jamais valu le repos? Ce peut être un moyen de bonheur pour l'homme oisif & agité, qui a besoin d'occupation pour éviter l'ennui; c'est un remede à cette maladie de curiosité qui le tourmente: mais parmi les êtres sensibles, ceux qui n'éprouvent point habituellement le besoin d'être fortement occupés, n'ont point la maladie que guérit l'occupation forte. Dans l'homme même, ce malaise inquiet, qui le porte sans cesse à chercher du secours au-dehors, & qui par-là devient la source de la plus grande partie de ses connoissances, n'est peut-être qu'un vice acquis & un produit de l'éducation. Les peuples sauvages, qui ne connoissent que peu de besoins, ne paroissent pas moins heureux que les peuples policés qui en connoissent beaucoup qu'ils ne peuvent satisfaire. Quand on considere toutes les conditions & tout l'appareil devenus nécessaires au bonheur de l'homme oisif & civilisé, au petit nombre de ceux qui jouissent, & au nombre prodigieux de ceux qui souffrent parce qu'ils desirent, on seroit tenté de croire que l'espece entiere auroit gagné à être moins instruite. Peut-être aussi qu'une instruction plus générale & plus perfectionnée, apprendroit aux hommes le vrai terme de leur bonheur, leur feroit connoître la maniere-d'être précise, de laquelle il doit résulter pour le plus grand nombre des individus, & fixeroit leur inquiétude & leurs desirs par le sentiment & l'évidence. Quoi qu'il en soit, il est certain que ceux des animaux, dont la vie peu variée ne suppose qu'un nombre d'idées fort borné, paroissent plus voisins du bonheur que ceux dont les mouvemens continuels annoncent beaucoup d'intérêts & d'activité. Ceux-ci ont une existence plus vive & des sensations plus fortes; mais cette intensité de vie n'est due souvent qu'à l'inquiétude, à la crainte, à des sentimens pénibles. Lors même qu'ils poursuivent le plaisir avec une ardeur mêlée d'espérance, on ne peut pas les regarder comme heureux. C'est le besoin de jouir qui est actif; mais la jouissance elle-même est tranquille.

Le cerf est un de ces animaux que leur constitution, les inclinations qui en résultent, la maniere de se nourrir, & les rapports qu'ils peuvent avoir avec les autres, ne mettent pas dans le cas d'avoir beaucoup d'idées. Il n'a nulle difficulté à vaincre quant à la recherche de sa nourriture. S'il souffre de la disette, il n'a d'autre ressource que de changer de lieu, & il ne peut être servi par aucun genre d'industrie; ainsi sa mémoire ne se charge à cet égard que d'un petit nombre de faits qui lui suffisent. Il apprend & sait bientôt où il trouvera des chatons & des bourgeons tendres au commencement du printems, de l'herbe nouvelle & succulente pendant l'été, des grains à la fin de cette saison, & des ronces ou des pointes de bruyeres lorsque l'hiver a durci les bois & flétri les herbes. La répétition de ces actes si simples ne suppose ni ne donne beaucoup d'instruction. Sortir le soir de sa retraite pour aller viander, y rentrer à la pointe du jour, & s'y mettre à la repoſée ; relever quelquefois vers midi, ou pour manger, ou, s'il fait fort chaud, pour aller boire à quelque mare : voilà l'hiſtoire de la journée d'un cerf ; & ce ſeroit celle de toute ſa vie, ſi le tems du rut & les embûches de l'homme n'y jettoient quelque variété. Cependant ces actes, tout ſimples qu'ils ſont, ſuppoſent encore dans le cerf, expérience, réflexion & choix, puiſqu'il eſt néceſſaire qu'il change de gagnage & de retraite ſelon les ſaiſons. Au printems & au commencement de l'été, la néceſſité de refaire ſa tête & de ménager un bois encore tendre & ſenſible, l'oblige à chercher les buiſſons écartés dans leſquels il peut eſpérer une tranquillité profonde. En hiver, la rigueur du froid le porte à habiter les futayes à l'abri & les fonds de forêts, voiſins des gagnages convenables à la ſaiſon. Mais ce choix de retraite ne ſuppoſe encore qu'une ſeule conſéquence, tirée directement d'une ſeule obſervation. Lorſqu'il a été pluſieurs fois inquiété dans ſon aſyle, il met à le cacher un art qui ne peut être que le fruit de vues plus fines & de réflexions plus compliquées. Souvent il change de buisson en raison du vent, pour être à portée de sentir & d'entendre ce qui peut venir le menacer de dehors. Souvent au lieu de rentrer d'assurance & d'aller droit se mettre à sa reposée, il fait de faux rembûchemens; il entre dans le bois, il en sort; il va & revient sur ses voies à plusieurs reprises. Sans avoir d'objet présent d'inquiétude, il fait les mêmes ruses qu'il feroit pour se dérober à la poursuite des chiens s'il se sentoit chassé par eux. Cette prévoyance annonce des faits déja connus, & une suite d'idées & de présomptions qui sont la conséquence de ces faits; car il faut nécessairement qu'une telle démarche soit le produit des raisonnemens qui suivent. Un chien conduit par un homme m'a plusieurs fois forcé de fuir & m'a suivi long-tems à la trace; donc ma trace lui a été connue: ce qui est arrivé plusieurs fois peut encore arriver aujourd'hui; donc il faut qu'aujourd'hui je me précautionne contre ce qui est déja arrivé. Sans savoir comment on fait pour connoître ma trace & la suivre, je présume qu'au moyen d'une fausse marche je pourrai dévoyer mes poursuivans; donc il faut que j'aille & revienne sur mes voies pour leur en dérober la connoissance & assurer ma tranquillité. Quiconque réfléchira sur la nécessité d'un motif pour produire une détermination aussi compliquée & l'action qui en est la suite, verra que celle-ci ne peut pas être le produit de ce qu'on appelle instinct; car les actions de l'instinct ne supposent dans l'animal qu'une seule idée ou sensation actuelle. Ainsi, c'est en conséquence d'une seule sensation que le cerf broute l'herbe, que l'animal carnassier se jette sur sa proie, que l'enfant saisit le teton de sa nourrice; mais il est impossible qu'une sensation seule & immédiate fasse inventer des ruses à un animal, en conséquence d'une importunité qu'il a précédemment éprouvée, & de la maniere dont il l'a éprouvée.

Nous avons dit que le tems du rut rompoit aussi l'uniformité de la vie naturelle des cerfs; cependant ni l'amour, ni la société qu'ils ont ensemble pendant l'hiver, ne sont encore pour eux les sources d'un grand nombre d'idées. L'amour n'est en eux qu'un besoin momentané de jouir qui admet toutes les femelles indistinctement, qui n'établit aucun choix réciproque, aucun soin de famille. Pendant l'hiver ils ne vivent pas proprement en société ; seulement ils se rapprochent les uns des autres pour se garantir du froid : ce besoin passé, ils se séparent, ou du moins ne paroissent en aucune façon attachés les uns aux autres, excepté les jeunes & les femelles que la foiblesse & la timidité retiennent ensemble. Ils sont inutiles l'un à l'autre pour les besoins ordinaires de la vie, & ils vivent à peu près isolés. On en pourroit conclure que toute société entre les animaux est uniquement fondée sur les secours mutuels qu'ils peuvent se donner. Mais il y a, dans quelques especes, des exemples qui prouvent qu'il existe une société d'attrait indépendante de tout autre besoin. Comme les cerfs n'ont point d'affections sociales, leurs haines aussi ne sont que passageres. On ne voit de combats

combats entr'eux que dans le tems de l'effervescence amoureuse qui leur est commune. Alors ceux qui n'ont pas dans leurs pays assez de femelles, ou qui sont maltraités par de plus forts qu'eux, changent de lieu, & vont quelquefois fort loin pour chercher fortune. Lorsque les desirs sont devenus tout-à-fait pressans, les cerfs sont dans un mouvement continuel : ils n'ont ni gagnage ni reposée fixes; ils font retentir les forêts d'un bruit terrible qui a l'accent de la profonde douleur; ils courent comme ivres, regardent sans voir, & perdent en fort peu de tems toute la venaison qu'ils ont acquise pendant l'été. Parmi les femelles, on ne voit point, comme dans les especes qui font un choix, ces refus simulés qui attachent le mâle & irritent en lui le desir de la jouissance; & les combats entre les mâles ne paroissent avoir pour objet que le besoin de jouir, sans aucun motif de préférence. Lorsqu'il y a inégalité de forces, le plus foible cede promptement au fort le champ de l'amour. Dans cette espece, les vieux ont l'avantage singulier d'être les plus ardens ; ce sont eux aussi auxquels les biches se livrent d'abord, soit par attrait, soit par crainte : cependant, lorsque des forces à peu près égales rendent entre deux rivaux le sort du combat douteux & long, les biches destinées à être le prix du vainqueur, deviennent souvent la proie d'un jeune audacieux qui jouit & s'échappe.

On voit que le cerf, avec des sens assez fins, l'œil bon, l'ouie & l'odorat excellens, n'acquiert pas beaucoup de connoissances, parce qu'il n'a pas beaucoup de motifs qui le forcent à l'attention. Avec les animaux de son espece, il n'a que des rapports passagers qui ne supposent que des sentimens simples, & n'exigent point de réflexion. Avec les autres & avec l'homme, il n'a de relation que celle de sa propre défense, pour laquelle il n'a de moyen que la fuite : c'est donc dans sa maniere de fuir qu'il faut l'examiner pour voir le développement de ses facultés. Être effrayé du bruit des chiens & tâcher d'échapper à leur poursuite, c'est dans un animal timide un pur effet de l'instinct. Mais diriger sa fuite d'après des faits confus, la raisonner, la compliquer, c'est l'effet d'un principe intelligent, & c'est ce qu'on ne peut pas méconnoître dans le cerf. Lorsqu'il est encore sans expérience, sa fuite est simple & sans méthode. Comme il ne connoît que les lieux voisins de celui où il est né, il y revient souvent, ne les quitte qu'à regret & à la derniere extrémité. Mais lorsque la nécessité répétée de se dérober à la poursuite l'a forcé de réfléchir sur la maniere dont il a été poursuivi, il se compose un systême de défense, & il épuise tout ce que l'action de fuir peut comporter de variétés & de desseins. Il s'est apperçu que, dans les bois fourrés où le contact de tout son corps laisse un sentiment vif de son passage, les chiens le suivent avec ardeur & sans interruption : il quitte donc les bois fourrés, passe dans les futayes, ou longe les routes. Souvent il forlonge, c'est-à-dire, qu'il change de pays, & profite pour s'éloigner, de l'avantage de sa vîtesse. Mais, quoiqu'il n'entende plus les chiens, il sait que bientôt il sera rapproché par eux; ainsi, loin de se livrer à une sécurité dangereuse, il profite de ce tems de répit pour imaginer des moyens de tromper ses ennemis. Il a remarqué qu'il étoit trahi par les traces de ses pas, & que la poursuite s'y attachoit constamment : pour dérober sa marche, il court souvent en ligne droite, revient sur ses voies, & se séparant ensuite de la terre par plusieurs sauts consécutifs, il met en défaut la sagacité des chiens, trompe l'œil du chasseur & gagne au moins du tems. Quelquefois il prend le parti de forlonger aussi-tôt qu'il est attaqué. Quelquefois il commence par des ruses ; il se jette sur le ventre, se fait relancer comme s'il étoit mal-mené, & puis tout-à-coup il s'éloigne avec toute la vîtesse dont il est capable. S'il paroît vouloir prendre du repos, ce n'est jamais lorsque les chiens sont éloignés de lui. Mais s'il est pressé, il lui arrive de se jetter sur le ventre, dans l'espérance que l'ardeur les emportera & qu'ils outrepasseront la voie ; & quand cela est arrivé, il retourne sur ses derrieres. Souvent il va chercher d'autres bêtes de son espece pour s'accompagner. On pourroit croire que c'est l'effet de ce sentiment naturel qui porte à chercher la compagnie pour se rassurer; mais une preuve qu'il a un autre motif, c'est que son association ne dure pas aussi long-tems que le danger. Lorsque la harde à laquelle il s'est mêlé est assez échauffée pour partager le péril avec lui, & que l'ardeur des chiens peut s'y méprendre, il la laisse exposée, & se dérobe par une fuite plus rapide. Le change en résulte souvent, & cette ruse est une de celles dont le succès est le plus assuré.

Entre les animaux dont la maniere de vivre est la même, & qui n'ont que des moyens semblables, les plus foibles doivent toujours être les plus rusés, parce que la ruse n'est nécessaire qu'où la force manque. Le daim, qui est à peu près de même nature que le cerf, & qui a beaucoup moins de vîtesse & de force, emploie pour se défendre, les mêmes moyens, & les emploie beaucoup plus tôt. Le chevreuil se sert aussi des mêmes ruses, & les multiplie encore plus. Son agilité naturelle le serviroit bien, s'il n'avoit pas le désavantage de laisser des voies chaudes, que les chiens chassent avec beaucoup d'ardeur. Le chevreuil a d'ailleurs, avec une forme extérieure assez ressemblante à celle des deux autres, des inclinations particulieres qui annoncent une supériorité d'instinct. Le mâle & la femelle, ordinairement frere & sœur d'une même portée, vivent ensemble & montrent un attachement réciproque qui ne cesse que par la mort de l'un des deux. Cependant ils ne peuvent se servir de rien l'un à l'autre, quant aux besoins communs de la vie, & ceux de l'amour ne durent pour eux qu'environ quinze jours par année. Ils ont donc un besoin de s'aimer indépendamment de tout autre. Ils vivent avec leur famille jusqu'à ce qu'elle-même soit en état d'en produire une nouvelle. Ainsi l'on voit toujours les chevreuils dans une union successivement fraternelle & conjugale, ou bien en famille, c'est-à-dire, le pere & la mere avec deux ou trois petits. La tendresse maternelle est à peu près la même dans ces trois especes, & se marque par les mêmes caracteres. Inquiétude tendre & courageuse, qui fait courir au-devant des chiens pour les écarter de sa progéniture, fuite simulée d'abord,

& retour ensuite lorsque le péril est éloigné; mais par-tout le courage est en raison des moyens & des forces, & les ruses sont en raison de la foiblesse. C'est donc en effet parmi les plus foibles des animaux, organisés pour vivre de la même maniere, qu'il faut chercher la plus grande intelligence. Le lievre, par exemple, auquel la nature a donné des sens moins bons qu'à beaucoup d'autres, a recours, lorsqu'il est chassé, à des ruses qui donneroient de la jalousie à un renard. Le lapin, plus foible encore, annonce une intelligence bien plus étendue, puisqu'il se creuse une demeure, se choisit une compagne, vit en société. Ses intérêts ne sont pas même concentrés dans sa famille; ils s'étendent à toute la république souterreine, à tous les êtres de son espece qui ont avec lui des rapports de voisinage. Lorsque les lapins sont sortis du terrier pour repaître, ceux d'entre eux, que l'expérience a accoutumés à l'inquiétude, partagent toujours leur attention entre le repas qu'ils font & les dangers qui peuvent survenir. S'ils se croient menacés de quelque ſurpriſe, ils ſonnent l'alarme aux environs, en frappant la terre avec les pattes de derriere, & les terriers retentiſſent au loin de ces coups redoublés. Toute la peuplade ſe preſſe ordinairement de rentrer; mais ſi quelques lapins plus jeunes & plus imprudens ne cedent pas aux premiers avertiſſemens, les vieux reſtent en frappant toujours, & s'expoſent eux-mêmes pour la ſûreté publique.

Il me ſemble, Monſieur, qu'en raſſemblant les faits ſimples que préſente la vie commune des différens animaux dont je vous ai parlé, nous avons droit d'en conclure que toutes les eſpeces ont une faculté qui leur eſt commune, la ſenſibilité. Nous pouvons encore ajouter que cette faculté, plus ou moins exaltée par les beſoins & les circonſtances, produit les différens degrés d'intelligence que nous remarquons, ſoit dans les eſpeces, ſoit dans les individus. Souvent ce qu'on regarde en eux comme ſagacité naturelle d'inſtinct, n'eſt qu'un développement de cet amour de ſoi qui eſt un produit néceſſaire de la ſenſibilité. Tout être qui ſent, connoît par cela même le plaisir ou la douleur : il desire l'un, & est importuné de l'autre : ses sensations lui donnent la conscience de son existence actuelle ; sa mémoire lui donne celle de son existence passée ; & c'est le caractere de l'affection qu'il éprouve ou qu'il se rappelle, qui le fait jouir ou souffrir, qui donne l'être à ses desirs ou à ses craintes, & par-là détermine ses actions. Ce qui appartient proprement à l'instinct dépend entierement de l'organisation ; ainsi c'est par instinct que le cerf broute l'herbe, & que le renard se nourrit de chair. Mais ce n'est pas à l'instinct, c'est à la faculté de sentir & à ses effets qu'appartiennent les moyens que ces animaux emploient pour satisfaire les besoins de leur appétit naturel. L'instinct détermine l'objet du desir, le desir donne l'attention, l'attention fait remarquer les circonstances & grave les faits dans la mémoire, la mémoire des faits donne l'expérience, l'expérience indique les moyens. Si les moyens ont quelque succès, ils constituent la science ; s'ils n'en ont point, ils produisent la réflexion, qui combine de nouveaux faits & enfante de nouveaux moyens. Les actions qui ſont communes à tous les individus d'une eſpece, & qui paroiſſent la diſtinguer d'une autre, ne ſont pas toujours des effets de l'inſtinct, c'eſt-à-dire, d'une inclination ſourde, indépendante de l'expérience & de la réflexion. Par exemple, la diſpoſition qui porte les lapins à ſe creuſer un terrier n'eſt pas purement machinale, puiſque ceux qui ont été long-tems domeſtiques manquent abſolument de cette induſtrie. Ils ne s'en aviſent que quand la néceſſité de garantir leur foibleſſe du froid & du danger, les a forcés de réfléchir ſur les moyens d'y pourvoir. Ce n'eſt donc pas toujours en vertu d'un inſtinct ſupérieur en ſoi, que nous voyons quelques eſpeces faire des choſes qui annoncent plus de ſagacité que n'en montrent quelques autres. Il paroît certain que, ſi le froid ou d'autres inconvéniens ne faiſoient pas plus ſouffrir le lapin que le lievre n'en eſt incommodé, cet animal qui ſe creuſe un terrier n'en prendroit pas la peine. On fait peut-être honneur à ſon induſtrie de ce qui n'eſt dû qu'à ſa foibleſſe. Mais lorſque le beſoin a conduit une eſpece d'animaux à une découverte de cette nature, ce premier pas fait, il doit en réſulter une foule d'idées ſucceſſives qui élevent cette eſpece fort au-deſſus des autres. Travailler de concert à ſe loger & habiter enſemble, c'eſt un nouvel ordre de choſes qui devient bien fécond pour des êtres ſenſibles qui erroient auparavant ſans demeure. Il eſt impoſſible que l'idée de propriété ne naiſſe pas de la peine qu'a cauſée le travail joint au ſentiment de ſon utilité, & que la cohabitation n'établiſſe pas des rapports de voiſinage. L'idée de propriété eſt certaine chez les lapins. Les mêmes familles occupent les mêmes terriers ſans en changer, & la demeure s'étend lorſque la famille augmente. Nous avons vu qu'ils prennent un intérêt vif & courageux à tous ceux de leur eſpece. La vieilleſſe & la paternité ſont fort reſpectées parmi eux. Par ce qu'on voit, il eſt vraiſemblable que, ſi l'on pouvoit juger de l'économie domeſtique de ce peuple ſouterrein, on y trouveroit autant d'ordre qu'on croit en remarquer parmi les abeilles.

Quoique les animaux doivent principalement à leurs besoins la plupart de leurs inventions, il paroît cependant que ceux qui sont plus heureusement organisés doivent avoir plus d'industrie, relativement à ceux de leurs sens qui sont les meilleurs. Il est vraisemblable que l'aigle, par exemple, a, pour les idées qui dérivent du sens de la vue, beaucoup d'avantage sur le lievre qui a les yeux assez mauvais. Nos métaphysiciens paroissent s'accorder assez sur ce que les jugemens de l'œil ont besoin d'être rectifiés par le toucher. Ce sont nos mains, disent-ils, qui nous apprennent à distinguer les formes, & nos pieds qui nous mettent dans le cas de juger à l'œil des distances. A l'égard des distances, les quadrupedes ont autant que nous la faculté d'en juger par le toucher, puisqu'ils parcourent des intervalles. Ils ont même, pour la plupart, dans un odorat exquis une espece de toucher très-fin qui assure le jugement de leurs yeux: mais il me paroît que sans le toucher ils savent très-bien distinguer les formes, & que, si on leur en présente d'illusoires, l'illusion ne dure pas long-tems, quoiqu'ils ne touchent point. Pour ce qui est des oiseaux, ils évaluent très-sûrement les distances sans avoir besoin du toucher. Un faucon, qui du haut des airs fond sur une perdrix qui vole, a besoin d'évaluer juste, & la distance à laquelle il est de sa proie, & le tems qu'il lui faut pour la parcourir, & le chemin que fera la perdrix pendant ce tems : car, si quelqu'une de ces conditions n'étoit pas évaluée, il ne tomberoit pas juste & manqueroit son coup. Il est vraisemblable que ceux qui perdent quelqu'avantage sur un sens le regagnent sur les autres, comme nous voyons parmi nous les aveugles avoir l'ouie & le toucher supérieurs à ceux qui voient, soit que la nature ait proportionné la finesse des sens à l'intérêt de l'animal, ou que cet intérêt lui-même rende le sens meilleur par le fréquent exercice.

Quoi qu'il en soit, lorsqu'on ne s'arrête pas à la premiere vue, & qu'on observe avec attention, on est tenté de croire que l'inégalité fondamentale d'intelligence n'est pas considérable entre les animaux des différentes especes. La faculté de sentir, qui est commune à toutes, est plus habituellement développée dans quelques-unes ; mais il y en a d'autres auxquelles il paroît ne manquer que des circonstances & des besoins pour amener ce développement. L'organisation borne sans doute, à quelques égards, l'exercice de l'intelligence naturelle aux animaux, & détermine les effets de leur faculté de sentir. C'est en conséquence des besoins & des moyens donnés par l'organisation, que l'un acquiert le génie de la fuite, l'autre celui de la rapine. Si les végétaux manquent à un animal frugivore, la conformation de ses dents & sa répugnance pour la chair, ne lui laissent point de ressource, & le plus haut degré d'intelligence ne l'empêcheroit pas de mourir de faim. L'industrie est alors bornée par l'impossibilité. Pour décider cette question de l'inégalité fondamentale d'intelligence entre les différentes especes d'animaux, question qui n'en est pas une pour ceux qui n'ont regardé que superficiellement, il faudroit savoir si la faculté de sentir peut avoir des degrés ; si l'huitre, par exemple, est, de sa nature, moins sufceptible que telle autre espece, des impressions du plaisir & de la douleur. Il est impossible de prononcer là-dessus, parce que les sensations sont absolument incommunicables, & que l'action peut bien indiquer leur caractere, mais ne peut pas représenter leur intensité. Cependant nous ne pouvons pas douter qu'il n'y ait de l'inégalité dans la maniere dont un être peut sentir en différens momens, puisque l'action des mêmes objets est différente sur nous en raison de nos dispositions. De là on peut inférer que des especes entieres n'exercent leur faculté de sentir qu'à différens degrés d'intensité. Presque tous les animaux qui vivent d'herbes, passent une partie de leur vie dans un état qui paroît être celui d'une terreur habituelle : la vie des carnassiers est beaucoup plus occupée & plus active ; mais les uns & les autres trouvent leur bonheur dans l'exercice de leurs facultés naturelles, & il n'y a que très-peu d'especes qui paroissent éprouver quelque besoin d'agitation & de mouvement, indépendamment de leur simple appétit. Cette disposition au repos est peut-être ce qui empêche, en partie, les eſpeces de ſe perfectionner autant que leur organiſation pourroit le permettre. Je tâcherai, Monſieur, dans un autre moment, de raſſembler quelques réflexions que j'ai faites là-deſſus. Elles nous conduiront à reconnoître quelles ſont les circonſtances & les conditions néceſſaires pour que la perfectibilité naturelle aux animaux ſe développe.

J'ai l'honneur d'être, &c.

QUATRIEME LETTRE.

Nous avons reconnu, Monſieur, en parcourant la vie journaliere de quelques animaux, qu'ils ſont doués de la ſenſibilité & de la mémoire, de la faculté de ſaiſir des rapports & de juger, du pouvoir de réfléchir ſur leurs actes, *&c.* nous ne pouvons pas douter que l'uſage de ces facultés ne s'applique à plus ou moins d'objets, en raiſon des occaſions & des beſoins. Nous ſommes forcés d'avouer qu'on ne peut pas fixer la meſure de l'intelligence des différentes eſpeces de bêtes, puiſqu'elle dépend des circonſtances, qu'elle s'étend toujours lorſqu'elle eſt miſe en action par la néceſſité, & qu'elle ne ſe reſſerre que par le défaut d'exercice.

D'après ces faits inconteſtables, il ſemble qu'on devroit remarquer dans les bêtes quelques progrès généraux d'intelligence. La perfectibilité, attribut néceſſaire de tout être qui a des ſens & de la mémoire, devroit ſe développer lorsque les circonstances sont favorables, & par degrés élever quelques especes à un état supérieur. On les verroit alors policées dans un lieu, plus ou moins sauvages dans un autre, montrer dans leurs mœurs des différences marquées : c'est ce que nous n'appercevons pas. Si l'on n'étoit pas forcé d'ailleurs d'admettre dans les bêtes la faculté de se perfectionner, l'inutilité constante dont elle paroît, feroit presque douter de son existence ; mais en y réfléchissant un peu, il est aisé de sentir d'abord que nous ne sommes pas juges compétens des progrès de ces êtres, si différens de nous à beaucoup d'égards, & qu'ils pourroient en avoir fait de fort étendus, sans qu'il nous fût possible de les appercevoir. Nous pouvons nous assurer ensuite que le pouvoir naturel de se perfectionner doit être aidé de tant de conditions & de moyens extérieurs que les bêtes ne réunissent point, qu'avec la qualité d'êtres perfectibles elles ne doivent pas en effet se perfectionner beaucoup. Que nous ne soyons pas juges compétens des progrès des bêtes, cela me paroît incontestable. En voyant quelques-unes de leurs actions, nous observons quel chemin leur intelligence a dû parcourir pour arriver à la détermination qui les produit. Nous distinguons ce qui appartient à la perception simple, au jugement, à la réflexion, *&c.* Nous pouvons démêler quelques-uns de leurs desseins, pénétrer dans les motifs qui déterminent leurs mouvemens décidés, parce que ces motifs sont les causes essentielles & nécessaires des mouvemens que nous appercevons. Mais si nous voyons clairement l'intention de l'hirondelle lorsqu'elle travaille à construire son nid, nous ne pouvons pas savoir si le tems n'a pas perfectionné son architecture, si l'expérience n'ajoute pas de l'élégance ou de la commodité à cette construction. Nous n'avons pas les moyens de juger de ce qui est grace ou commodité pour elle. En général, dans tous ces ouvrages qui ont un objet commun & qui nous sont aussi peu familiers, nous ne pouvons être frappés que d'une ressemblance grossiere qui nous fait conclure l'uniformité absolue.

Il est vraisemblable que les bêtes

n'apperçoivent non plus aucune différence entre nos palais & nos chaumieres, que l'aigle ne distingue pas dans les mouvemens des différens peuples sur lesquels elle plane, les degrés de police auxquels ils peuvent être parvenus. Une horde de sauvages errans autour de ses cabanes, & une troupe de savans dans une ville bien bâtie, doivent lui paroître également des êtres qui marchent sur leurs pieds, & qui s'agitent à peu près de la même maniere. Il est impossible même qu'en observant la plupart des especes de bêtes, nous jugions de tous les progrès particuliers qu'ont pu faire quelques individus. Les principaux instrumens des idées qu'elles acquierent, sont précisément ceux auxquels nous devons nous-mêmes le moins d'idées. Nous ne pouvons donc pas connoître les élémens qui entrent pour elles dans la composition de toute idée complexe, parce que nous n'avons pas au même degré les sensations prédominantes dont elle est composée. De là il doit résulter une entiere différence entre le systême total de leurs connoissances & celui des nôtres. Par exemple, les idées acquiſes par l'odorat n'influent preſqu'en rien ſur nos habitudes ni ſur nos progrès. Mais ſi nous conſidérons ce ſens tel qu'il eſt pour les animaux carnaſſiers, c'eſt-à-dire, comme un organe principal, comme un toucher très-fin qui les inſtruit, à de grandes diſtances, des rapports que les objets peuvent avoir avec leur conſervation, nous verrons qu'il nous eſt impoſſible d'atteindre à toutes les connoiſſances que ces animaux peuvent acquérir par le ſecours de leurs nez. Si nous décidons de l'enſemble de celles de leurs idées dans leſquelles la ſenſation de l'odorat entre comme élément principal, nous tomberons dans le cas d'un aveugle qui voudroit juger des progrès de la peinture.

Il eſt donc certain que les bêtes pourroient avoir fait des progrès ſans que nous fuſſions capables de les ſentir; mais il eſt vraiſemblable qu'elles n'en ont pas fait beaucoup, & même qu'elles n'en feront jamais. Elles manquent, & d'un intérêt aſſez actif, & de quelques-unes des conditions ſans leſquelles il paroît impoſſible que la perfectibilité ne reſte pas inutile.

Premierement, les animaux n'ont point d'intérêt à faire des progrès. Nous avons vu, Monsieur, dans les lettres précédentes, que leur maniere de vivre habituelle consiste dans la répétition d'un petit nombre d'actes fort simples qui suffisent à tous leurs besoins. Ceux dont le penchant à la rapine tient l'industrie éveillée, ou que des dangers multipliés forcent à une attention presque continuelle, acquierent à la vérité des connoissances plus étendues que les autres; mais, comme ils ne vivent point en société, cette science presqu'individuelle ne se transmet du moins qu'à un petit nombre dans l'espece. Ils sont forcés d'ailleurs de partager leur vie entre l'agitation & le sommeil. Les animaux qui paroissent vivre en société, ou sont rassemblés par la crainte, sentiment peu fécond en progrès; ou n'ont qu'une société passagere, ou ne sont d'aucune utilité les uns aux autres pour la recherche des besoins de la vie; ou bien, mis sans cesse en péril par l'homme, ils n'ont qu'une association précaire, toujours troublée ou prête à l'être, & qui ne peut comporter de projet que celui d'agir ensemble dans l'instant, sans rien méditer pour l'avenir. De ce que nous ne voyons pas faire aux bêtes des progrès sensibles, il faut donc se garder de conclure qu'elles ne sont pas douées de la perfectibilité. Un homme qui seroit né sans yeux & sans mains, auroit au-dedans de lui le pouvoir d'acquérir de nouvelles idées sans en avoir les moyens extérieurs. Même avec le secours de tous leurs sens, les hommes continuellement occupés à pourvoir à leurs besoins de premiere nécessité, restent dans le cercle étroit des connoissances qui y sont immédiatement relatives. Ils n'acquierent qu'un nombre d'idées plus borné que n'en paroissent avoir quelques individus dans certaines especes d'animaux.

Il est nécessaire que beaucoup de conditions servent la perfectibilité; & sans elles les êtres qui auroient les plus grands progrès en puissance, ne les réaliseroient jamais. La société, le loisir, les passions factices qui naissent de l'un & de l'autre, l'ennui, qui est un produit des passions & du loisir, le langage, l'écriture qui suppose l'usage des mains, font autant de moyens nécessaires, sans lesquels on ne doit point attendre de progrès sensibles de la part des êtres les plus intelligens. Or il faut voir si les bêtes ont toutes ces conditions, & de quelle importance sont celles dont elles pourroient manquer.

Il y a sans doute plusieurs especes qui paroissent vivre en société; mais, en examinant le caractere de leur association, il est aisé de voir qu'elle ne peut pas être féconde en progrès. Tous les frugivores qui vivent ainsi, paroissent rassemblés uniquement par la frayeur qui les oblige à se tenir près les uns des autres pour se rassurer un peu. Mais le sentiment commun qui les réunit n'établit entr'eux aucun rapport actif d'utilité réciproque, même relativement à son objet. S'ils craignent moins lorsqu'ils sont ensemble, ils n'en sont pas plus redoutables à leurs ennemis. Un chien seul disperse cette timide association, dont l'union ne peut pas augmenter les forces. Les autres détails de leur vie tendent à dissoudre plutôt qu'à resserrer la liaison qui pourroit se former

entr'eux.

entr'eux. Ils broutent ensemble l'herbe qui leur est nécessaire à tous. Cette action simple peut produire une rivalité dans le cas de disette, & ne peut jamais amener un secours mutuel. Un cerf ne peut rien attendre de son voisin, & il peut craindre qu'il ne lui enleve la moitié de sa nourriture. Il n'y a donc pas de société proprement dite entre ces animaux. Ceux mêmes qui paroissent se tenir unis par le projet de la défense commune, & auxquels le secours mutuel de leurs forces & de leur courage fait sentir l'avantage de la société, les sangliers, par exemple, sentent aussi combien pour se nourrir aisément il est désavantageux d'être en troupe. Dès que les mâles ont atteint l'âge de trois ans, & que leurs défenses, ayant pris leur accroissement, les mettent dans le cas de compter sur leurs forces, ils se séparent & vivent seuls : on ne voit en troupe que les femelles, qui sont moins heureusement armées, avec les jeunes mâles. Les lapins vivent en société ; mais si ces animaux foibles & timides acquierent, quant à leur sûreté, toutes les connoissances qu'ils peuvent obtenir de leur organiſation, ils ſont dominés par une inquiétude continuelle, trop occupante pour laiſſer beaucoup de tems à la réflexion. Cependant ſi nous pénétrons dans l'intérieur de leurs habitations, nous pouvons remarquer l'art de la diſtribution dans leurs logemens, & un enſemble de précautions qui les mettent à l'abri des accidens qui les menacent. Les terriers ſont ordinairement placés de maniere à n'être pas expoſés aux inondations : l'entrée maſque en partie l'intérieur du domicile ; la multiplicité des chambres qui ſe communiquent, & les détours des corridors laſſent & rebutent ſouvent le furet qui pénetre dans la demeure. Le lapin, aſſez inſtruit pour préférer de ſe laiſſer tourmenter dans ſon terrier au péril qu'il courroit à en ſortir, trouve un aſyle preſqu'aſſuré dans ce labyrinthe. Mais d'ailleurs ces animaux, forcés de brouter l'herbe où elle ſe trouve, ne peuvent être d'aucune utilité les uns aux autres quant à la recherche des beſoins de la vie.

Les animaux carnaſſiers ne vivent guère en ſociété ; leur voracité naturelle & la disette de proie les oblige de s'éloigner les uns des autres. Deux louves, deux oiseaux de proie ne s'établissent avec leur famille qu'à une certaine distance, proportionnée à l'étendue de pays qui leur est nécessaire pour subsister. Loin de vivre en société, lorsqu'il y a concurrence & rencontre, il s'ensuit presque toujours un combat, à la fin duquel le plus foible est forcé de s'éloigner.

Il y a quelques especes d'animaux, que leur organisation & leur instinct portent à travailler ensemble au bien commun : tels sont les castors. Il est impossible de prévoir sûrement à quel degré s'éleveroit leur intelligence, si on les laissoit se multiplier tranquillement & jouir des résultats de leur association. Mais ce malheureux avantage qu'ils ont d'être utiles à l'homme, fait qu'on a songé beaucoup plus à les chasser qu'à les observer. A peine leur laisse-t-on commencer quelques habitations qui sont bientôt démembrées. Ils n'ont point de loisir, puisqu'ils sont continuellement occupés d'une crainte qui ne laisse aucun exercice à la curiosité.

Il ne suffit pas que des animaux vivent rassemblés, pour qu'ils aient une société proprement dite & féconde en progrès. Ceux même qui paroissent se réunir par une sorte d'attrait, & goûter quelque plaisir à vivre les uns près des autres, n'ont point la condition essentielle de la société, s'ils ne sont pas organisés de maniere à se servir réciproquement pour les besoins journaliers de la vie. C'est l'échange des secours qui établit les rapports qui constituent la société proprement dite. Il faut que ces rapports soient fondés sur différentes fonctions qui concourent au bien commun de l'association, & dont le partage rende à chacun des individus la vie plus facile, aille à l'épargne du tems, & produise par conséquent du loisir pour tous; alors l'utilité générale des offices que les individus ont choisis, devient une mesure commune de leur mérite. L'émulation s'établit par l'habitude qu'ils prennent de se comparer entre eux, & elle enfante des efforts. Ceux qui se sentent trop foibles pour être, veulent du moins paroître; & là commence le regne des passions factices, qui sont le produit de la société & du loisir.

Les bêtes n'ayant, comme nous l'avons vu, ni société proprement dite, ni loisir, n'ont point de passions factices; elles n'ont point de ces besoins de convention, qui deviennent aussi pressans que les besoins naturels, sans pouvoir être satisfaits comme eux, & qui, par cela même, tiennent l'intérêt, l'attention & l'activité des individus dans un exercice continuel. La nécessité d'être émus, d'être vivement avertis de notre existence, qui se fait sentir en nous dans l'état de veille & d'inaction, est en grande partie la cause de nos malheurs, de nos crimes & de nos progrès. C'est un besoin toujours agissant, qui s'irrite par les secours mêmes qu'on lui donne, parce que le souvenir d'une émotion forte rend insipides la plupart de celles qui n'ont pas le même degré de force. De-là cette ardeur à chercher toutes les scenes de mouvement, tous les genres de spectacles d'où peut résulter une impression attachante & vive; de-là aussi, ce mal-aise de curiosité qui nous force à chercher au-dedans de nous-mêmes, par la méditation, une occupation qui nous intéresse. Les bêtes ne connoissent point cet état qui fait le tourment de l'homme oisif & policé. Elles ne sont excitées à l'attention que par les besoins de l'appétit, ceux de l'amour, & la nécessité d'éviter le péril. Ces trois objets occupent la plus grande partie de leur tems, & elles passent le reste dans un état de demi-sommeil, qui ne comporte ni l'ennui, ni la curiosité stimulante que nous éprouvons. Les moyens qu'elles ont pour se procurer leur nourriture & pour échapper au danger sont bornés par leur organisation. Il leur seroit impossible d'en inventer d'autres, parce que les moyens de fabriquer des instrumens leur sont interdits par la nature : elles n'ont de ressource que dans leur industrie & dans leurs armes naturelles ; & nous avons vu que quand elles sont excitées & instruites par les circonstances & les difficultés, l'homme du plus grand génie n'auroit rien à leur apprendre. D'ailleurs, les bêtes sont naturellement vêtues, & ce premier besoin de l'homme doit avoir été, dans l'origine, le motif intéressant qui l'a excité à beaucoup de recherches. Les peuples qui peuvent se passer d'habits sont en général plus stupides que les autres, parce qu'ils manquent d'un besoin qui devient bientôt la source d'un grand nombre d'inventions & d'arts.

Je m'arrêterai ici, & je me réserve de vous parler dans une autre lettre, de l'influence de l'amour sur la perfectibilité des animaux.

CINQUIEME LETTRE.

QUELQUE vive que ſoit la paſſion de l'amour, quelqu'agiſſant que ſoit le caractere avec lequel elle ſe produit dans les bêtes, elle ne ſauroit être pour elles le principe de progrès fort étendus. Dans les eſpeces où les mâles ſe mêlent indifféremment avec toutes les femelles, on voit une rivalité réciproque & générale dans le tems où le beſoin de jouir ſe fait vivement ſentir à tous. Mais la queſtion doit être bientôt décidée par la force. Le foible ne peut que fuir, & laiſſer le vainqueur en poſſeſſion de ſa conquête.

Dans les eſpeces qui s'accouplent, ſur quelques motifs que ſe fonde le choix de deux individus, il eſt certain que ce choix a lieu; l'idée de propriété réciproque s'établit, le moral s'introduit dans l'amour, & la jalouſie devient profonde & raiſonnée. Les femelles, qui ſont toujours ſouveraines dans les détails de cette paſſion, parce que ce ſont elles qui accordent, acquierent supérieurement l'art d'irriter les desirs du mâle en flattant, en caressant, en refusant, en multipliant les agaceries tantôt sourdes, tantôt ouvertes. Elles apprennent à dissimuler leurs propres dispositions, ou du moins à en masquer la vivacité. Dans le tems où elles cedent avec emportement à leurs propres desirs, elles donnent encore à leurs faveurs l'air de la complaisance & du sacrifice. La coqueterie n'est point une invention particuliere à l'espece humaine. Elle appartient à toutes celles des bêtes qui font un choix. Mais cet art dépendant de l'amour, ne peut pas être pour elles bien fécond en progrès, puisque la passion même ne les occupe tout au plus qu'un quart de l'année. Le besoin cesse, & son anéantissement total amene bientôt l'oubli de toutes les différentes idées dont il avoit été l'occasion. Ce n'est que pour l'homme, & sur-tout pour l'homme oisif & civilisé, que l'amour peut devenir un principe d'activité permanente, & par conséquent une source de progrès de toute espece. Il est occupé toute l'année, parce que les idées de convention, se joignant au sentiment naturel, lui donnent un degré de force auquel il n'atteindroit pas s'il étoit seul, & même y ajoutent des accessoires qui le perpétuent. Non-seulement l'attrait réciproque & le choix établissent l'idée de propriété; mais la vanité vient à l'appui, & elle exagere le prix de ce qu'on regarde comme à soi. Une estime profonde pour l'objet aimé ajoute ensuite à celle qu'on a pour soi-même. Elle imprime sur ce systême d'idées & de sentimens réunis, un vernis d'excellence & de dignité qui les rend plus imposans pour celui même qui en est affecté; d'où résulte une foule de mouvemens, dont la force & la continuité donnent de l'énergie à l'ame & la rendent capable des plus grands efforts. Les bêtes sont privées de ce ressort toujours agissant; ni leurs appétits, ni leur société, ni leurs passions naturelles ne leur fournissent des motifs ou des moyens suffisans pour qu'elles puissent se perfectionner beaucoup. A l'égard des passions factices, on voit qu'elles ne doivent pas les connoître; & en effet elles n'en ont point, si ce n'est l'avarice qu'on remarque dans quelques especes. Mais, comme cette passion ne peut avoir pour elles que des objets périssables, elle se borne nécessairement à l'amas & à l'épargne pendant un certain tems. Elle ne suppose qu'une prévoyance simple & sans complication. Elle ne comporte point de réflexions profondes sur les moyens d'acquérir, parce qu'il n'en est qu'un pour elles. L'avarice n'est dans les bêtes qu'une conséquence de la faim précédemment sentie. La plus légere réflexion sur les inconvéniens de ce besoin, produit une prévoyance commune à tous les animaux qui sont exposés à manquer : les carnassiers cachent & enterrent les restes de leur proie pour les retrouver dans le cas de nécessité. On pourroit honorer ce soin du nom de prudence, si ces animaux n'excédoient pas toutes les bornes des besoins possibles lorsqu'ils en trouvent l'occasion. C'est cette profusion inutile qui donne à leur prévoyance le caractere de l'avarice. Parmi les frugivores, ceux qui sont organisés de maniere à emporter les graines qui leur servent de nourriture, font des provisions qu'ils ont soin d'épargner tant qu'elles ne leur sont pas nécessaires. Tels sont les rats de campagne, les mulots, &c. mais, comme leur disette ne peut durer que quelques mois de l'année, leur prévoyance ne peut avoir ce caractere de perpétuité qu'a celle de nos avares qui, constamment occupés du même objet, s'accoutument à ne plus voir de terme dans l'avenir. S'ils attachent l'idée de propriété à l'amas qu'ils ont fait, cette idée n'est pas durable. Peu de tems après, de nouvelles richesses, qui ne leur ont coûté aucun soin, venant à s'offrir à eux, leur font oublier celles qu'ils avoient accumulées.

De toutes les passions des bêtes, celle qui paroît laisser dans leur mémoire les plus profondes traces, c'est la tendresse maternelle. Cela doit être, parce qu'elle les affecte très-fortement & que son exercice dure assez long-tems. Elles acquierent, relativement à l'éducation de leur famille, des idées qui leur deviennent aussi familieres que celles qui regardent leur propre conservation individuelle. Une perdrix de quelqu'expérience ne choifit pas imprudemment la place de son nid. Elle le place sur un lieu élevé, pour le préserver de l'inondation. Elle a soin qu'il soit environné de ronces & d'épines qui en rendent la vue & l'accès difficiles. Elle couvre ses œufs avec des feuilles lorsqu'elle est forcée de les quitter pour aller manger. En un mot, sa tendre prévoyance se marque de toutes les manieres pour une progéniture qu'elle ne connoît pas encore. Lorsque les petits sont éclos, on voit dans la mere, & même dans le pere, une activité inquiete & soutenue, une assiduité pénible & une défense courageuse si la famille est menacée. De cet intérêt si vif & si tendre, résulte la connoissance des lieux où la famille doit trouver une nourriture plus abondante, & cette connoissance suppose des observations précédentes sans lesquelles le choix du lieu ne se feroit pas. Cette passion, qui se marque d'une maniere si sensible dans toutes les meres, & que les peres éprouvent aussi dans toutes les especes où il y a mariage, a des caracteres qui méritent d'être observés. Il semble qu'elle excite dans l'animal un intérêt plus vif qu'il ne seroit capable de l'éprouver pour lui-même. On voit des oiseaux, lorsque leurs petits sont menacés de périr par le froid & la pluie, les couvrir constamment de leurs aîles, au point qu'ils en oublient le besoin de se nourrir & meurent souvent sur eux. La faim n'a point dans ces animaux des symptômes d'activité pareils aux mouvemens que leur fait faire le soin de chercher ce qui convient à leurs petits. Le besoin de secours qu'ont ces êtres foibles semble doubler le courage des parens, & produire ce caractere de chaleur & d'enthousiasme, qui ne calcule pas le péril ou le méprise. Il est vrai cependant que si dans ce cas-là toutes les especes paroissent porter la hardiesse au-delà des moyens qu'elles ont d'échapper au danger, cette hardiesse a réellement des degrés qui sont proportionnés à ces mêmes moyens. La louve & la laye, qui sont douées de force & pourvues d'armes redoutables, deviennent terribles lorsqu'elles ont leurs petits à défendre. Elles se précipitent avec fureur pour les arracher à ceux qui les feroient fuir sans difficulté s'ils ne leur enlevoient que leur nourriture, même dans le cas de l'extrême faim. De toutes les douleurs, la plus cuisante & la plus profonde paroît être celle d'une mere lorsqu'elle entend les cris de sa progéniture. La biche, naturellement foible & timide, vient aussi dans le même cas s'offrir courageusement au péril; mais, trahie bientôt par son impuissance, sa témérité cede à la nécessité de fuir. Malgré ces différences, il est aisé d'observer que dans presque toutes les especes, le courage des meres est porté au-delà du soin de leur propre conservation. On peut en conclure que les passions, parvenues au dernier degré d'activité, produisent l'excès, & que la rapidité des mouvemens quelles excitent dans les êtres sensibles les emporte au-delà de ce qui paroît devoir être la borne naturelle du sentiment. Jusqu'à un certain point elles éclairent; par exemple, la fureur impétueuse de ces meres est le meilleur moyen qu'elles aient de sauver leur famille, parce que souvent elle en impose à ceux qui la menacent: mais avec quelques degrés de chaleur de plus, elles s'exposent elles-mêmes sans utilité pour l'objet qu'elles se proposent. Il est certain pourtant que la sensibilité a sa mesure, & que son excès même a ses limites. Dans les especes de bêtes où la tendresse des parens est vivement concentrée dans les intérêts de la famille, on ne voit point d'affection qui s'étende à l'espece ; on remarque même une haine décidée pour ceux de l'espece qui ne sont pas de la famille. Dans les lieux où l'abondance du gibier rend la nourriture rare, la perdrix, qui est très-soigneuse & très-agissante pour l'intérêt de ses petits, poursuit & tue impitoyablement tous ceux qui ne lui appartiennent pas, lorsqu'ils viennent croiser ses recherches. La poule faisane a beaucoup moins d'empressement pour rassembler ses enfans & les retenir près d'elle. Elle abandonne, sans beaucoup d'inquiétude, ceux qui s'égarent & la quittent ; mais en même tems elle est douée d'une sensibilité plus générale pour tous les petits de son espece : il suffit de la suivre pour avoir droit à ses soins, & elle devient la mere commune de tous ceux qui ont besoin d'elle. Parmi nous, on ne doit pas attendre des sentimens aussi chauds, une occupation aussi constante, des détails de tendresse aussi intéressans de la part de ces ames cosmopolites, dont la vaste sensibilité embrasse l'univers. La paternité, la parenté, l'amitié, l'amour même, tous ces liens, si forts pour les hommes plus concentrés, se relâchent à mesure que les affections s'étendent. Ce qu'il y a de plus avantageux est peut-être de vivre en société avec les amis du genre humain, & en intimité avec ceux pour qui le genre humain est un peu moins que leurs amis.

Quoiqu'en général les bêtes s'occupent vivement du soin de leur famille, & que les idées relatives à cet objet laissent des traces assez profondes dans leur mémoire, on voit pourtant qu'il ne doit pas en résulter des progrès bien suivis dans les especes, parce que ces soins ne durent pas plus longtems que le besoin, que la race nouvelle est bientôt adulte, & que l'amour dissout au bout de quelques mois cette société passagere pour donner naissance à d'autres familles. Nous voyons que les bêtes, quoique perfectibles, n'ont pas même dans leurs passions les plus vives, des motifs assez constamment intéressans pour qu'elles puissent s'élever à de grands progrès. Elles ne peuvent tirer à cet égard presqu'aucun secours, ni de la nature de leur société, lorsqu'elles en ont, ni des motifs qui les rassemblent, ni du loisir qu'elles n'ont pas, ni de l'ennui, qui n'est qu'une suite du loisir. Elles manquent donc de la plus grande partie des conditions qui servent la perfectibilité. Il faut voir encore si elles ont entr'elles la communication des idées, & le langage articulé qui y est si nécessaire.

Nous ne remarquons dans les bêtes que des cris qui nous paroissent inarticulés; nous n'entendons que la répétition assez constante des mêmes sons. D'ailleurs, nous avons quelque peine à nous représenter une conversation suivie entre des êtres qui ont un museau allongé ou un bec. De ces préjugés, on conclut assez généralement que les bêtes n'ont point de langage proprement dit, que la parole est un avantage qui nous est particulier, &

que c'est l'expression privilégiée de la raison humaine. Nous sommes trop supérieurs aux bêtes, pour chercher à méconnoître ou à nous déguiser ce dont elles jouissent ; & l'apparente uniformité des sons qui nous frappent ne doit point nous en imposer. Lorsqu'on parle en notre présence une langue qui nous est étrangere, nous croyons n'entendre que la répétition des mêmes sons. L'habitude & même l'intelligence du langage nous apprennent seules à juger des différences. Celle que les organes des bêtes mettent entre elles & nous, doit nous rendre encore bien plus étrangers à elles, & nous mettre dans l'impossibilité de reconnoître & de distinguer les accens, les expressions, les inflexions de leur langage. Les bêtes parlent-elles ou non ? C'est une question qui doit se résoudre par la solution de deux autres. Ont-elles ce qui est nécessaire pour parler ? Peuvent-elles, sans parler, exécuter ce qu'elles exécutent ? Le langage ne suppose qu'une suite d'idées & la faculté d'articuler. Nous avons reconnu, Monsieur, sans pouvoir en douter, dans les lettres précédentes, que les bêtes sentent, comparent, jugent, réfléchissent, concluent, &c. elles ont donc, en fait d'idées suivies, tout ce dont on a besoin pour parler. A l'égard de la faculté d'articuler, la plupart n'ont rien dans leur organisation qui paroisse devoir les en priver. Nous voyons même des oiseaux, d'ailleurs si différens de nous, parvenir à former des sons articulés entierement semblables aux nôtres. Les bêtes ont donc toutes les conditions qui sont nécessaires au langage. Mais si nous suivons de près le détail de leurs actions, nous voyons de plus qu'il est impossible qu'elles ne se communiquent pas une partie de leurs idées, & qu'elles ne le fassent pas par le secours des mots. Nous sommes assurés qu'elles ne confondent pas entr'elles le cri de la frayeur avec le cri qui exprime l'amour. Leurs diverses agitations ont des intonations différentes qui les caractérisent. Si une mere effrayée pour sa famille, n'avoit qu'un cri pour l'avertir de ce qui la menace, on verroit à ce cri la famille faire toujours les mêmes mouvemens. Mais au contraire ces mouvemens varient suivant les circonstances. Tantôt c'est précipiter la fuite, tantôt c'est se cacher, une autre fois ce sera se présenter au combat. Puisqu'en conséquence de l'ordre donné par la mere les actions sont différentes, il est impossible que le langage ne l'ait pas été. Peut-on dire que les expressions ne soient pas fort diversifiées entre un mâle & une femelle pendant la durée de leur commerce, puisqu'on remarque clairement entre eux mille mouvemens de différente nature ; empressement plus ou moins marqué de la part du mâle ; réserve mêlée d'agaceries de la part de la femelle ; refus simulés, emportemens, jalousies, brouilleries, raccommodement ? Pourroit-on croire que des sons qui accompagnent tous ces mouvemens ne sont pas variés comme les situations qu'ils expriment ? Il est vrai que le langage d'action est d'un très-grand usage parmi les bêtes, & qu'il est suffisant pour qu'elles se communiquent la plus grande partie de leurs émotions. Ce langage, familier à ceux qui sentent plus qu'ils ne pensent, fait une impression très-prompte, & produit presque dans l'instant la communication des sentimens qu'il exprime; mais il ne peut pas suffire dans toutes les actions combinées des bêtes qui supposent concert, convention, désignation de lieu, *&c.* Deux loups qui, pour chasser plus facilement ensemble, se sont partagés leurs rôles, dont l'un est allé attaquer la proie pendant que l'autre s'est chargé de l'attendre à un lieu donné pour la pousser avec des forces fraîches, n'ont pas pu agir ensemble avec tant de concert sans se communiquer leur projet, & il est impossible qu'ils l'aient fait sans le secours d'un langage articulé.

L'éducation des bêtes s'accomplit en grande partie par le langage d'action. C'est l'imitation qui les accoutume à la plupart des mouvemens qui sont nécessaires à la conservation de la vie naturelle de l'animal. Mais lorsque les soins, les objets de prévoyance & de crainte se multiplient avec les dangers, ce langage n'est plus suffisant; l'instruction devenant plus compliquée, les mots deviennent nécessaires pour la transmettre : sans une langue articulée, l'éducation d'un renard ne pourroit pas se consommer. Il est certain, par le fait, qu'avant d'avoir pu s'instruire par l'expérience personnelle, les jeunes renards, en sortant du terrier pour la premiere fois, sont plus défians & plus précautionnés dans les lieux où on leur fait beaucoup la guerre, que les vieux ne le sont dans ceux où l'on ne leur tend point de pieges. Cette observation, qui est incontestable, démontre absolument le besoin qu'ils ont du langage. Car comment sans cela pourroient-ils acquérir cette science des précautions qui suppose une suite de faits connus, de comparaisons faites, de jugemens portés? Il paroît donc qu'il est absurde de douter que les bêtes aient entr'elles une langue, au moyen de laquelle elles se transmettent les idées dont la communication leur est nécessaire. Mais l'invention des mots étant bornée par le besoin qu'on en a, on sent que la langue doit être très-courte entre des êtres qui sont toujours dans un état d'action, de crainte ou de sommeil. Ils n'ont à connoître qu'un nombre très-limité de rapports entre eux; & par leur maniere de vivre, ils ſont abſolument étrangers à ces relations multipliées & ſubtiliſées, qui ſont le fruit des paſſions factices, de la ſociété, du loiſir & de l'ennui. Il eſt vraiſemblable que la langue eſt plus étendue entre les animaux carnaſſiers, beaucoup moins riche entre les frugivores, &c. & que dans toutes les eſpeces, elle feroit des progrès auſſi-bien que leur intelligence, ſi d'ailleurs elles jouiſſoient des conditions extérieures qui ſont néceſſaires à ces progrès. Mais le beſoin, ce principe de toute activité dans tous les êtres ſenſibles, retiendra toujours chacune des eſpeces dans les limites qui lui ſont aſſignées. Tous ces différens ordres d'êtres intelligens & agiſſans ſervent à l'ornement de l'univers; &, en cedant chacun à ſes affections particulieres, ils concourent au deſſein inconnu pour nous de celui qui les créa pour ſa gloire.

SIXIEME

SIXIEME LETTRE.

En parcourant, Monsieur, les actes de la vie journaliere de quelques animaux sauvages, nous avons vu leurs connoissances s'étendre avec leurs besoins, & leur intelligence, lorsqu'elle est excitée par la nécessité, faire tous les progrès que leur organisation peut comporter. Nous avons remarqué que la perfectibilité dont les animaux nous paroissent évidemment être doués, n'a guere d'effet que pour les individus; & il nous a été facile de reconnoître les conditions extérieures qui manquent & seroient nécessaires, pour que les especes pussent faire des progrès sensibles. Ainsi nous avons vu la perfectibilité, qui par elle-même est une qualité indéfinie, resserrée par les bornes de l'organisation & du besoin, afin que chaque espece restât dans l'ordre où elle a été placée par l'Auteur de la nature. Si nous jettons un coup d'œil sur quelques animaux domestiques, nous serons de plus en plus confirmés dans la même opinion. Par-tout nous verrons la perfectibilité se montrant à découvert, quoique toujours renfermée dans les mêmes limites. M. de Buffon remarque très-bien que ces animaux acquierent des connoissances que n'ont point ceux qui sont abandonnés à eux-mêmes; mais qu'ils les doivent aux rapports qui s'établissent entre eux & nous. Sur cela il y a deux observations à faire. Puisqu'ils acquierent, ils ont donc les moyens d'acquérir. Nous ne leur communiquons pas notre intelligence; nous ne faisons que développer la leur, c'est-à-dire, l'appliquer à un plus grand nombre d'objets. Mais ces progrès que nous faisons faire aux animaux domestiques restent nécessairement individuels, parce qu'en les instruisant nous les privons de leur liberté, & d'ailleurs ils sont encore bornés par la nature des relations qu'ils ont avec nous.

Il faut lire, Monsieur, dans l'ouvrage même de M. de Buffon, l'intéressante histoire qu'il nous a donnée de l'éléphant. Cet éloquent naturaliste est entré dans un très-grand détail sur les mœurs de ce ſingulier animal, qui mérite en effet plus qu'aucun autre une attention particuliere. On y voit avec plaiſir l'intelligence, le diſcernement, l'idée même de la juſtice & l'apparence des vertus, portés à un haut degré. On y peut admirer la docilité à côté du courage, la douceur naturelle avec le reſſentiment des injures, la pitié, la bienfaiſance, la reconnoiſſance. C'eſt ce qui a fait dire à un grand nombre d'auteurs qu'il ne manquoit à cet animal que l'adoration d'un Dieu, & ce qui en a même porté quelques-uns à lui accorder cette excellente prérogative. Il paroît que l'éléphant doit principalement ſa ſupériorité à l'avantage de ſa trompe, qui eſt pour lui l'organe d'un ſentiment exquis, & qui s'applique facilement à un grand nombre d'uſages.

Après l'éléphant, le chien paroît être celui des animaux domeſtiques qui ſoit le plus ſuſceptible de relations avec l'homme. C'eſt auſſi celui dont les connoiſſances s'étendent le plus par ſon commerce avec nous. Cet animal eſt tellement connu, que ſon exemple ſeul auroit dû rejetter bien loin toute idée de l'automatiſme des bêtes. Comment en effet pourroit-on rapporter à un inſtinct, privé de réflexion, les mouvemens variés de cet intelligent animal, que l'homme plie à un ſi grand nombre d'uſages, & qui, conſervant juſques dans ſon aſſujétiſſement une liberté ſenſible, excite dans ſon maître de tendres mouvemens d'intérêt & d'amitié par ſa docilité volontaire? Suivant les différens uſages auxquels on emploie le chien, on voit ſon intelligence faire des progrès de deux eſpeces. Les uns ſont dus à l'inſtruction qu'on lui donne, c'eſt-à-dire, aux habitudes qu'on lui fait prendre par l'alternative de la douleur & du plaiſir. Les autres doivent s'attribuer à l'expérience propre de l'animal, c'eſt-à-dire, aux réflexions qu'il fait de lui-même ſur les faits qu'il remarque & les ſenſations qu'il éprouve. Mais les uns & les autres, de ces progrès, ſe font toujours en proportion des beſoins & de l'intérêt qui le forcent à l'attention. Le chien de baſſe-cour, preſque toujours à l'attache, chargé ſeulement de la fonction d'aboyer les inconnus, reſte dans un état de stupidité qui seroit à peu près le même dans tout autre être, dont l'intelligence n'auroit pas plus d'exercice. Le chien de berger, continuellement occupé d'un office qui exige une activité qu'excite la voix de son maître, montre beaucoup plus d'esprit & de discernement. Tous les faits relatifs à son objet s'établissent dans sa mémoire. Il en résulte pour lui un ensemble de connoissances qui le guident dans le détail, & qui modifient ses actions & ses mouvemens. Si le troupeau passe auprès d'un blé, vous verrez le vigilant gardien rassembler sa troupe, l'écarter du grain qui doit être ménagé, avoir l'œil sur ceux qui voudroient enfreindre la défense, en imposer aux téméraires par des mouvemens qui les épouvantent, & châtier les obstinés auxquels l'avertissement ne suffit pas. Si l'on ne reconnoît pas que la réflexion seule peut être l'origine de cette variété de mouvemens faits avec discernement, c'est-à-dire, en raison des circonstances, ils deviennent absolument inexplicables. Car si le chien n'apprenoit pas de son maître à distinguer le grain d'avec

BIBLIOTHEQUE ROYALE

la pâture ordinaire du troupeau, s'il ne savoit pas que ce grain ne doit pas être mangé, s'il ignoroit que la vivacité de ses mouvemens doit être proportionnée à la disposition des moutons qui composent le troupeau, s'il ne reconnoissoit pas cette disposition, sa conduite n'auroit point de motif, & il n'auroit pas de raison suffisante pour agir.

Mais c'est à la chasse qu'il faut principalement suivre cet animal, pour voir le développement de son intelligence. La chasse est naturelle au chien qui est un animal carnassier. Ainsi l'homme, en l'appliquant à cet exercice, ne fait que modifier & tourner à son usage une aptitude & un goût que la nature avoit donnés à l'animal pour sa conservation personnelle. Delà résulte dans les actions du chien un mêlange de la docilité acquise par les coups de fouet, & du sentiment qui lui est naturel. L'un ou l'autre de ces deux élémens se fait plus ou moins appercevoir, selon les circonstances qui lui donnent plus ou moins d'activité. La nature est plus abandonnée à elle-même & plus libre dans le chien courant que dans les autres. L'habitude de l'assujettissement le rend attentif jusqu'à un certain point à la voix & aux mouvemens de ceux qui le mènent; mais comme il n'est pas toujours sous leur main, il faut que son intelligence agisse d'elle-même, & que son expérience personnelle rectifie souvent le jugement des chasseurs. L'attention qu'on apporte à chasser autant qu'on peut l'animal qu'on a lancé d'abord, à rompre les chiens & les châtier lorsqu'ils sont sur des voies nouvelles, les accoutume peu à peu à distinguer par l'odorat le cerf qu'ils ont devant eux d'avec tous les autres. Mais le cerf, importuné de la poursuite, cherche à s'accompagner de bêtes de son espece, & alors un discernement plus exquis devient nécessaire au chien. Dans ce cas là, il ne faut rien attendre de ceux qui sont jeunes. Il n'appartient qu'à l'expérience consommée de porter un jugement prompt & sûr dans cet embarras. Il n'y a que les vieux chiens qui soient ce qu'on appelle *hardis dans le change*, c'est-à-dire, qui démêlent sans hésiter la voie de leur cerf à travers celles de tous les animaux dont il est accompagné. Ceux qui n'ont encore qu'une expérience commencée, donnent au chasseur attentif un spectacle d'incertitude, de recherche & d'activité qui mérite d'être observé. On les voit balancer & donner toutes les marques de l'hésitation. Ils mettent le nez à terre avec beaucoup d'attention, ou bien ils s'élancent aux branches où le contact du corps de l'animal laisse un sentiment plus vif de son passage, & souvent ils ne sont déterminés que par la voix du chasseur, qui les appuie sur la confiance qu'il a lui-même dans les chiens plus confirmés & plus sûrs. Si les chiens, emportés un moment par l'ardeur, outre-passent la voie & viennent à la perdre, les chefs de meute prennent d'eux-mêmes pour la retrouver le seul moyen que les hommes pussent employer. Ils retournent sur les derrieres, ils prennent les devants pour rechercher dans l'enceinte qu'ils parcourent la trace qui leur est échappée. L'industrie du chasseur ne peut pas aller plus loin, & à cet égard le chien expérimenté paroît arriver au dernier terme du ſavoir, c'eſt-à-dire, prendre tous les moyens qui peuvent le conduire au ſuccès.

Le chien couchant a des relations plus intimes & plus continuelles avec l'homme. Il chaſſe toujours ſous ſes yeux & preſque ſous ſa main. Son maître le fait jouir; car c'eſt une jouiſſance pour lui que de prendre le gibier dans ſa gueule. Il lui rapporte ce gibier, il en eſt careſſé s'il fait bien, gourmandé ou châtié s'il fait mal, ſa douleur ou ſa joie éclate dans l'un ou l'autre cas, & il s'établit entre eux un commerce de ſervices, de reconnoiſſance & d'attachement réciproque. Lorſque le chien couchant eſt jeune encore, mais cependant que les coups de fouet l'ont déja rendu docile, il n'écoute que la voix du maître & ſuit ſes ordres avec préciſion. Mais comme il eſt guidé, pour la choſe dont il s'agit, par un ſentiment plus fin & plus ſûr que l'homme; quand l'âge lui a donné une expérience ſuffiſante, il ne montre pas toujours la même docilité, quoiqu'il en ait en général une plus grande habitude. Si, par exemple, une piece de gibier eſt bleſſée,

& que le chien vieux & expérimenté en rencontre sûrement la trace, il ne se laissera pas dévoyer par son maître, dont la voix & les menaces le rappelleront en vain. Il sait qu'il le sert en lui désobéissant; & les caresses qui suivent le succès lui apprennent en effet bientôt qu'il a dû désobéir. Aussi l'usage des chasseurs intelligens est-il de conduire les jeunes chiens, & de laisser faire les vieux. Je ne parcourrai pas, Monsieur, les autres especes de chiens. Il est inutile de s'appesantir sur des faits dont quelques-uns suffisent pour conclure, & qui vont tous au même but. D'ailleurs chacun peut faire soi-même des expériences sur cet animal, dont l'homme dispose à son gré par l'alternative du plaisir & de la douleur, qui s'attache à l'homme, qui reçoit ses leçons; mais qui dans le cas où il sent que son expérience personnelle le guide plus sûrement, en donne lui-même à son maître, & résiste avec assurance à la crainte des coups & au pouvoir de l'habitude. Il est vraisemblable que nous devons en partie l'extrême docilité du chien & la disposition que nous lui voyons à l'assujettissement, à une sorte de dégénération très ancienne. Du moins il est sûr par le fait que plusieurs qualités acquises se transmettent par la naissance. L'habitude de certaines manieres d'être ou d'agir, modifie sans doute l'organisation même, & perpétue ainsi les dispositions, qui alors deviennent naturelles. Mais il n'est guere d'animaux qu'on n'apprivoise jusqu'à un certain point, par l'alternative du plaisir & de la douleur. Ceux mêmes que la nature paroît avoir le plus éloignés de la contrainte, ceux qu'elle a doués des instrumens les plus sûrs de la liberté, comme sont les oiseaux de proie, subissent le joug que le besoin impose à tout être qui sent, & même ils acquierent en fort peu de tems une docilité qui étonne. On les voit au plus haut des airs écouter la voix du chasseur, se laisser guider par ses mouvemens, lorsqu'une expérience répetée leur a appris que la docilité les conduit sûrement à la proie. Il est impossible de rapporter au pur instinct, c'est-à-dire, à une impulsion aveugle & sans réflexion, ces actions des bêtes dans lesquelles leur instinct est en quelque façon dénaturé. On ne peut assigner aucune cause de leurs mouvemens, sans supposer la réflexion sur des faits précédens. L'éducation des bêtes sans réflexion de leur part, seroit aussi incompréhensible que celle des hommes sans liberté. Toute éducation, quelque simple qu'elle soit, suppose nécessairement le pouvoir de délibérer & de choisir. Voilà, Monsieur, ce dont ne conviennent pas les partisans de l'automatisme des bêtes. Mais en vérité ce systême ne paroîtroit pas devoir être traité sérieusement, s'il n'y avoit pas des personnes qui le soutiennent par des motifs respectables, & qui par-là méritent d'être détrompées. Je vais donc parcourir & examiner quelques-unes de leurs plus fortes objections ou assertions ; car ils assurent volontiers ce qui n'est pas, faute d'avoir suffisamment observé.

Les faits, disent ces Messieurs, *ne prouvent rien. Il est bien vrai que les bêtes ont des suites d'actions, dont l'apparence indiqueroit des vues très-fines & très-compliquées, si elles pouvoient raisonner ; des actions que nous, qui rai-*

ſonnons, ne pourrions faire ſans beaucoup de comparaiſons, de jugemens, &c. mais il eſt clair que c'eſt-là une foible analogie qui nous trompe, parce qu'il y a d'autres analogies démonſtratives qui détruiſent celle-là.

Non, Monſieur, ce n'eſt point une *foible analogie* qui me porte à croire que les bêtes comparent, jugent, *&c.* lorſqu'elles font les choſes que je ne pourrois pas faire ſans comparer & ſans juger. J'en ai une certitude directe, une certitude qu'on ne peut infirmer ſans détruire en même tems toute regle naturelle de vérité. Je ſais qu'à la rigueur nous n'avons de certitude abſolue que de nos propres ſenſations & de notre *conſcience.* On fait de très-beaux argumens, auxquels il eſt difficile de répondre, pour démontrer que nous ne ſommes aſſurés de rien hors de nous. Cependant je ne pourrois pas m'empêcher de regarder comme abſurde quiconque étendroit, d'après cela, ſon pyrroniſme ſur toutes les choſes dont nous avons une connoiſſance claire, par l'exercice de nos ſens & par notre ſentiment même. Du nombre de ces connoiſſances, eſt ſans doute la certitude que nous avons de l'exiſtence de nos ſemblables, la certitude qu'étant pourvus des mêmes ſens, ils reçoivent, par leur uſage, des impreſſions à peu près pareilles à celles que nous éprouvons, la certitude qu'ils éprouvent, comme nous, de la douleur lorſqu'ils crient, de la joie lorſqu'ils en montrent le ſigne, &c. Or je dis, Monſieur, que la certitude que les animaux éprouvent du plaiſir & de la douleur, & que leur conduite ſe regle d'après le ſouvenir qu'ils ont de ces deux ſenſations, eſt abſolument du même genre que l'autre; nous n'en ſommes aſſurés dans nos ſemblables que par les ſignes qui accompagnent & caractériſent en nous-mêmes ces affections; & nous retrouvons dans les bêtes tous ces mêmes ſignes. Il n'y a point d'*analogie* qui puiſſe détruire cette aſſurance-là. On voudroit donc que Dieu m'eût donné le ſpectacle d'une infinie variété d'affections ſenſibles, qu'il m'eût montré dans les animaux les ſignes viſibles de la plupart des impreſſions que j'éprouve moi-même, & cela pour me tenir dans une illuſion perpétuelle, & me leurrer d'une apparence d'intelligence & de sensibilité dans des êtres qui en seroient dépourvus? Je n'en crois rien, & toutes les *analogies* du monde ne m'en feront rien croire, à moins que cela ne devienne un article de foi, après quoi je n'aurai plus besoin d'*analogie*. Jusques-là j'ai le droit de conclure que les bêtes sentent, se ressouviennent, *&c.* parce que je vois en elles les marques sensibles de ces affections, & que ces marques sont les mêmes que celles qui m'assurent des affections de mes semblables. Lorsque je vois un homme hésiter entre deux actions à faire, délibérer & choisir, je dis qu'il a comparé, qu'il a jugé, & que son jugement a déterminé son choix; lorsque je vois une bête avoir les signes extérieurs de la même hésitation, de la même délibération, je dis aussi, & j'ai droit de dire, qu'elle a comparé, jugé & choisi. *Mais*, dit-on, *si les bêtes ont cette intelligence, & sur-tout si elle est susceptible d'accroissement*; c'est-à-dire, si à deux ou trois idées que les bêtes auront eues d'abord, l'expérience peut en ajouter une quatrieme, une cinquieme, *&c. nous devrions pouvoir les instruire de nos sciences, de nos arts, de nos jeux ; & puisque nous ne pouvons leur rien enseigner là-dessus, il est démontré qu'elles n'ont point d'intelligence.* En vérité de pareilles objections feroient rire, si les personnes qui les font ne montroient pas d'ailleurs beaucoup d'esprit, & ne méritoient pas personnellement des égards. Quoi! nous voyons clairement que l'expérience instruit les bêtes, c'est-à-dire, que leurs actions se modifient en raison des différentes épreuves qu'elles ont été dans le cas de subir, comme les nôtres se modifieroient ; nous voyons que, relativement à tous leurs besoins, aux circonstances qui les environnent, aux dangers qu'elles ont à éviter, elles agissent comme les êtres les plus intelligens doivent agir, & nous rejetterions ce genre d'évidence parce que nous ne pouvons pas instruire les animaux de tout ce que nous voudrions leur apprendre? Mais pourquoi voudrions-nous qu'elles apprissent ce qu'elles n'ont nul intérêt de savoir, ce qui est étranger à leurs besoins, & par conséquent à leur nature ? D'ailleurs, que sait-on ? peut-être nous y prenons-nous mal. Si nous vivions en société avec des castors, & qu'au lieu de détruire nous protégeassions leurs travaux ; si avec cela nous mettions sous leurs yeux des modeles proportionnés à leur organisation & à leurs besoins, peut-être au bout de mille ans (car les arts se perfectionnent lentement) leur aurions-nous appris à décorer l'extérieur de leurs cabanes, & à rendre l'intérieur encore plus commode. Mais en attendant, de ce que les bêtes apprennent ce qui leur est nécessaire, nous aurions tort de conclure qu'elles doivent apprendre ce qui leur est inutile. *Mais*, insiste-t-on, *les bêtes exécutent certainement sans réflexion les plus ingénieux de leurs ouvrages. C'est sans réflexion que les hyrondelles construisent leurs nids, les abeilles leurs ruches, &c. Or si les ouvrages les plus ingénieux sont exécutés sans réflexion, il est clair que les autres actions n'en supposent pas davantage.* Quand bien même le fait principe seroit vrai, c'est-à-dire, quand les bêtes feroient machinalement & sans réflexion certains ouvrages, on n'auroit pas le droit d'en rien conclure contre celles de leurs actions dans lesquelles la réflexion se fait clairement appercevoir. Mais rien n'est plus faux que ce fait qu'on allegue. Une preuve certaine que les ouvrages dont on parle ne se font pas sans réflexion, c'est que l'expérience les perfectionne sensiblement, & que la maturité de l'âge corrige l'impéritie de la jeunesse. On ne peut pas observer avec quelqu'attention & quelque suite les nids des oiseaux, sans s'appercevoir que ceux des jeunes sont la plupart mal façonnés & mal placés; souvent même les jeunes femelles pondent par-tout sans avoir rien prévu. Les défauts de ces premiers ouvrages sont rectifiés dans la suite, lorsque les animaux ont été instruits par le sentiment des incommodités qu'ils ont éprouvées. Si les bêtes agissoient sans intelligence & sans réflexion, elles agiroient toujours de la même maniere. L'impulsion une fois donnée à la machine, il n'arriveroit point de changement dans l'exécution. Or nous voyons qu'il en arrive & sans nombre, & toujours en raison du plus ou moins d'expérience que l'âge & les circonstances ont pu leur donner; donc la réflexion préside à la construction de ces ouvrages. Il seroit plaisant que sans mémoire, ces êtres-là conservassent d'une année à l'autre le souvenir de ce qui les a importunés, & que sans réflexion ils se conduisissent en conséquence. *Mais comment se fait-il qu'une perdrix, qui n'a jamais vu de nid, prévoye qu'elle va pondre, & qu'elle a besoin d'un nid fait d'une certaine maniere pour y déposer ses œufs?* J'ai déja dit que les partisans de l'automatisme supposent gratuitement que ces ouvrages sont portés d'abord au plus haut degré de perfection, & que le fait est notoirement faux. Mais enfin, le nid le plus mal fait montre encore un ensemble de parties conspirant à former un tout: or c'est un principe généralement reçu, que tout ouvrage dont les parties sont sagement ordonnées pour concourir à un but, annonce nécessairement une intelligence. C'est même un des argumens les plus employés pour démontrer l'existence de Dieu. Les partisans de l'automatiſme conviennent de l'induſtrie & de la ſageſſe qui ſe font remarquer dans la plupart des ouvrages des animaux : on peut donc en conclure que les ouvriers ſont intelligens. Lorſqu'on voit d'ailleurs que cette intelligence, d'abord ſimple & groſſiere, s'endoctrine & ſe polit, qu'elle ſe corrige de ſes premieres fautes, qu'elle prend des précautions contre les inconvéniens précédemment éprouvés, on doit juger qu'elle eſt perſonnelle aux foibles êtres qu'elle anime, & que Dieu n'eſt point en eux un agent immédiat, comme l'ont penſé quelques philoſophes. De ſavoir comment il arrive que les bêtes nous paroiſſent ſi promptement inſtruites à un certain degré, c'eſt ce qui n'eſt ni facile, ni néceſſaire ; mais là-deſſus il eſt permis de haſarder des conjectures, & même de ſe ſervir des analogies, pourvu qu'on ne prétende pas les donner comme démonſtratives.

Premierement, les animaux en général ne ſont pas dans le cas de manquer abſolument d'expérience ſur les ouvrages qu'ils ont à faire. Rien n'eſt plus ſimple ni plus groſſierement conſtruit que le nid des oiſeaux qui n'y reſtent pas long-tems après être éclos. Ceux dont le nid demande plus de recherche & d'art y vivent long-tems avant que de le quitter, & ils peuvent s'aſſurer par eux-mêmes de ſa forme & de ſa conſtruction. Il eſt certain d'ailleurs que l'organiſation tranſmet dans tous les animaux & même dans l'homme, une ſorte d'aptitude & d'inclination à faire certaines choſes. Il n'y a pas juſqu'aux qualités acquiſes qui ne ſe tranſmettent par la naiſſance. Lorſqu'on force, pendant un grand nombre de générations, des chiens à rapporter & arrêter, ces diſpoſitions & ces actions deviennent naturelles à la race, & même ſe perpétuent pendant quelques générations ſans être entretenues. Ce que nous regardons comme abſolument machinal dans les animaux, n'eſt peut-être qu'une habitude anciennement priſe & perpétuée enſuite de race en race. Il eſt certain du moins que cette diſpoſition s'oblitére beaucoup, & même ſe perd preſqu'entierement dans pluſieurs eſpeces faute d'exercice. Parmi les oiſeaux qu'on rend domestiques, & dont on enleve les œufs à mesure qu'ils les pondent, il en est beaucoup qui finissent par ne point faire de nids, quoiqu'ils aient tous les matériaux nécessaires. Si l'on admet cette disposition organique qu'il me paroît difficile de rejetter, & qu'on y ajoute la révolution que doit naturellement faire dans une famille l'état de gestation; si l'on réfléchit sur l'influence que ces deux causes peuvent avoir sur l'imagination de la femelle, on se persuadera peut-être qu'elles peuvent produire la sorte de prévoyance & la réflexion nécessaires pour les préparatifs que nous voyons faire aux animaux; si deux enfans, jettés dans une isle déserte & parvenus à l'âge de puberté, cédoient enfin au vœu de la nature, il en résulteroit apparemment pour la fille la certitude de devenir mere. Or je ne doute nullement, quoiqu'on ne puisse pas refuser l'intelligence à ces êtres-là, que des feuilles & de la mousse préparées avec un certain art, ne pussent fournir une espece de lit à l'enfant venant au monde. Il me paroît même vraisemblable que si l'expérience étoit répétée dans plusieurs isles où l'on trouvât les mêmes matériaux, il n'y auroit pas beaucoup de différence dans la fabrique de ces différens lits.

Une des choses qui paroît faire le plus de peine aux partisans de l'automatisme des bêtes, c'est l'uniformité générale qu'on apperçoit dans les ouvrages des individus de chaque espece. Ils prétendent que si elles étoient intelligentes, leurs ouvrages devroient être variés comme les nôtres. J'ai déja répondu ailleurs que l'uniformité n'étoit pas telle qu'elle paroissoit être au premier coup d'œil, qu'on en jugeoit mal, faute d'observer assez, & que peut-être n'avions-nous pas tout ce qui seroit nécessaire pour en bien juger. Ce n'est pas qu'en effet les ouvrages & les actions des bêtes n'aient beaucoup plus d'uniformité que les nôtres, & cela doit être, vu leur organisation & leur maniere de vivre.

« Tous les individus d'une même » espece, dit très-bien M. l'Abbé de » Condillac, étant mus par le même » principe, obéissant aux mêmes be- » soins, agissant pour les mêmes fins,

» & employant des moyens sembla-
» bles, il faut qu'ils contractent les
» mêmes habitudes, qu'ils fassent les
» mêmes choses, & qu'ils les fassent
» de la même maniere ». Cet excellent philosophe remarque encore, avec beaucoup de sagacité & de raison, que les hommes ne sont moins uniformes que parce qu'ils se copient les uns les autres. Les passions factices, qui sont le fruit de la société proprement dite & du loisir, (maniere d'être qui appartient en propre à l'espece humaine) varient les formes à l'infini, & offrent à l'imitation, des modeles & des combinaisons sans nombre. Par la même raison, les bêtes doivent aller à leurs fins plus simplement & plus sûrement que nous. Elles sont moins sujettes à l'erreur parce qu'elles ont moins de connoissances. « De tous
» les êtres créés, dit le même auteur,
» le moins fait pour se tromper est
» celui qui a la plus petite portion
» d'intelligence ».

En voilà, je crois, assez, Monsieur, sur les objections qu'on fait contre l'intelligence des bêtes. J'avoue qu'elles me paroissent très-foibles en elles-mêmes;

mêmes, & qu'en les comparant avec les faits je les trouve insoutenables à l'examen. Mais peut-être qu'en mettant ces objections plus près les unes des autres, elles acquerront, par leur ensemble, une énergie qu'elles n'ont pas quand elles sont séparées. C'est ce qu'il faut essayer; car on ne doit épargner aucun moyen pour l'éclaircissement de la vérité.

1°. *Les faits ne concluent rien. Nous voyons bien à la vérité, de la part des bêtes, une suite d'actions qui semblent indiquer des vues très-fines & très-compliquées, des actions que nous ne pourrions pas faire sans beaucoup de comparaisons, de jugemens, de raisonnemens; mais comme ce sont des automates, il est clair que rien ne leur est plus facile que de faire, sans raisonner, ce que nous ne pourrions pas faire sans cela.*

2°. *Ce n'est qu'en vertu d'une très-foible analogie, que nous sommes portés à croire que les bêtes sentent, se ressouviennent, comparent, jugent, &c. lorsqu'elles font, relativement à toutes les circonstances dans lesquelles elles se trouvent, des actions que nous ne pourrions pas faire sans nous ressouvenir, compa-*

F

rer, juger, &c. Nous n'avons aucun droit de conclure de nous à elles, à cause de la raison susdite. Ce qu'elles font n'est que le résultat d'une harmonie préétablie entre leurs mouvemens & l'impression que les objets font sur leurs sens, ce qu'il est aisé de comprendre. C'est un spectacle purement matériel qui nous est donné, par des raisons que tout le monde peut appercevoir au premier coup d'œil.

3°. *Une analogie démonstrative, qui détruit la premiere, se tire naturellement de ce que nous ne pouvons pas apprendre aux bêtes ni les mathématiques, ni rien de nos jeux & de nos sciences. Car si les bêtes pouvoient comparer, juger, raisonner, pourquoi ne leur apprendrions-nous pas la plus grande partie de ce que nous savons?*

4°. *Les bêtes ont en effet dans leurs ouvrages, comme les nids, les ruches, &c. toutes les apparences de l'intelligence & de l'industrie; on y voit en tout les moyens proportionnés à la fin. Mais si c'étoit une véritable intelligence qui les guidât, elles ne seroient pas si promptement instruites, & nous saurions comment elles ont fait leur apprentissage. C'est donc toujours une harmonie préétablie qui nous fait illusion, & c'est encore là une analogie démonstrative.*

J'avoue, Monsieur, que je ne suis pas convaincu par ces instances, & que malgré moi l'ensemble des faits me fait plus d'impression que toutes ces belles analogies, dont je ne prétends pas d'ailleurs contester le mérite. Je ne suis pas beaucoup plus satisfait de la maniere d'expliquer les opérations des bêtes, en leur donnant des sensations matérielles, une mémoire matérielle, qui sans doute produisent une intelligence matérielle aussi. Je ne doute pas que ceux qui parlent ainsi n'entendent très-bien ce qu'ils disent; mais pour moi, je suis obligé de convenir, en conscience, que je n'y entends rien du tout, & j'aimerois presqu'autant l'harmonie préétablie.

Je crois que c'est l'ignorance des faits qui a produit ces systêmes si peu naturels sur le principe des opérations des bêtes. On les a jugées sans les avoir suffisamment connues. Les chasseurs qui observent, parce qu'ils en ont mille occasions, n'ont pas ordinairement le tems ou l'habitude de raisonner; & les philosophes, qui raisonnent tant qu'on veut, ne sont pas ordinairement à portée d'observer. D'ailleurs quelques personnes ont cru la religion intéressée à cette question de l'intelligence des bêtes, & elles ont prévu là-dessus des conséquences qui les ont effrayées. Mais c'est à tort qu'on a voulu lier cette question, purement philosophique, aux vérités que la religion nous enseigne, qui sont d'un ordre tout autre. Que les bêtes aient une intelligence qui s'applique à tous leurs besoins; que cette intelligence fasse des progrès en raison des circonstances qui l'excitent, & qu'elle ait en elle un principe indéfini de perfectibilité relative à ces mêmes besoins, cela n'empêche pas que la nôtre ne s'éleve aux vérités sublimes, qui sont le fondement de nos devoirs & de nos espérances. L'intelligence des bêtes sera toujours resserrée dans les bornes des objets sensibles, avec lesquels seuls elle a des rapports. La nôtre s'élance, d'un vol hardi, jusqu'à celui même qui produit les intelligences de tous les ordres, & qui a fixé à chacune la mesure qu'elle ne passera jamais,

Il est donc vrai que la religion n'est nullement intéressée aux opinions qu'on peut avoir là-dessus. On peut même dire que les assertions des partisans de l'automatisme sont moins religieuses que le sentiment qui reconnoît l'intelligence dans tous les animaux. En effet ils soutiennent que Dieu, en nous montrant dans les bêtes l'apparence de la sensibilité, de la mémoire, *&c.* ne nous donne qu'un spectacle matériel & illusoire, qui nous tient dans une erreur perpétuelle. Ils soutiennent que des ouvrages, visiblement ordonnés & conduits avec sagesse, où tout paroît conspirer à un dessein & le remplir, ne supposent cependant aucune intelligence, & peuvent être produits par un aveugle mouvement de la matiere. Ils soutiennent qu'il y a des sensations matérielles, une mémoire matérielle, *&c.* Si je ne me trompe, Monsieur, toutes ces idées peuvent être regardées comme également hétérodoxes en religion & en philosphie. Je suis cependant bien éloigné de vouloir en faire un crime à ces Messieurs. Avec les meilleures intentions & les plus grands talens, il est si facile de s'égarer dans la route de la vérité, que ceux qui se méprennent méritent encore notre reconnoissance pour en avoir entrepris la recherche. Il faudroit renoncer absolument à tous les débats philosophiques, si l'on ne conservoit pas le droit de se tromper. C'est un des privileges les plus assurés de l'espece humaine, & l'indulgence de ceux qui le partage doit y être inséparablement attachée. J'espere, Monsieur, que vous ne me refuserez pas la vôtre; & sans vouloir abuser de la prérogative commune, je la mérite personnellement par tous les sentimens avec lesquels j'ai l'honneur d'être, *&c.*

LETTRE du Physicien de Nuremberg sur une critique des Lettres précédentes, insérée dans le Journal des Savans.

J'AI lu, M. dans le Journal des Savans du mois de janvier 1765, des observations faites à propos de quelques lettres que j'ai eu l'honneur de vous adresser sur les animaux. Quel que soit le mérite de ces observations, je n'y répondrois pas s'il ne s'agissoit que d'une pure question de philosophie, que je regarde comme assez indifférente en elle-même; mais il paroît que l'auteur a dessein de jetter sur les idées que je vous ai présentées un soupçon de matérialisme, & je ne veux pas qu'une pareille tache défigure ce que vous avez bien voulu faire imprimer. J'ai même quelque lieu de craindre que le zele ardent de l'observateur ne l'ait égaré, & que ses idées ne favorisent beaucoup plus le matérialisme que les miennes, quoiqu'assurément ce ne soit pas son dessein ; mais il n'en est pas moins de mon devoir de chercher à le ramener. La charité douce produit des lumieres pures ; & c'est d'elle, aidée d'un peu de raison, que je veux en emprunter pour éclairer l'observateur.

Il est vrai, M. que je reconnois dans les animaux la faculté de sentir, celle de se ressouvenir, & tous les produits subséquens de ces deux facultés ; mais loin de vouloir insinuer par-là le matérialisme, je déclare qu'il m'est impossible de concevoir que la matiere soit capable du plus petit degré de sensation. La faculté de sentir répugne à toutes les idées que j'ai de la substance matérielle : j'adopte toutes les démonstrations raisonnables qu'on a faites de la nécessité d'un être simple & indivisible, pour recevoir les différentes sensations & les comparer entre elles. Si l'observateur accorde aux bêtes la faculté de sentir, & qu'en même tems il les regarde comme des êtres purement matériels, c'est lui sans doute, & non pas moi, qui devient le matérialiste. Je veux croire cependant que ce n'est nullement son intention ; & je me garderai bien de lui imputer un ſentiment qu'il ne veut point avoir, quand même ſes principes y conduiroient par les conſéquences les plus directes. Mais voyons en détail quelques-unes de ces obſervations, & tâchons de les apprécier avec l'impartialité, qui ne doit jamais abandonner ceux qui cherchent ſincérement la vérité.

L'OBSERVATEUR.

M. de Buffon a parfaitement bien défini l'eſpece de leur mémoire (des animaux), il a ſolidement prouvé qu'ils ne réagiſſent point ſur leurs actes, *&c.*

RÉPONSE.

Je ne me rappelle pas quelles ſont là-deſſus les idées de M. de Buffon, & je ne ſuis pas en peine qu'il n'ait bien dit tout ce qu'il a dit; mais ce n'eſt pas ce dont il s'agit ici. Je demande à l'obſervateur quelle eſt l'*eſpece* de mémoire des bêtes, & s'il en connoît de deux *eſpeces*. Juſqu'ici, je l'avoue, j'avois penſé qu'il n'y en avoit qu'une, & qu'elle confiftoit uniquement à fe fouvenir des fenfations qu'on avoit éprouvées ; peut-être l'obfervateur en connoît-il une autre qui confifte à oublier fes fenfations. Quant à la faculté de réagir fur fes actes, je ne fais pas fi l'on peut donner un autre nom à l'opération très-familiere aux bêtes, par laquelle elles réfiftent à l'impreffion actuelle d'un appétit vif, par le fouvenir des inconvéniens qu'elles ont éprouvés dans des circonftances pareilles ou approchantes. Je ne fais pas fi c'eft réagir fur fes actes, que de balancer ces inconvéniens rappellés par la mémoire, avec des defirs actuellement ftimulans, &, après une héfitation marquée, de fe déterminer par le motif le plus preffant. Je ne fais pas fi c'eft réagir fur fes actes, que de s'inftruire par l'expérience & de fuivre en conféquence un plan de conduite réfléchi, qui eft vifiblement le réfultat de ces différentes combinaifons. Mais il eft certain que les bêtes font tout cela & d'après les faits qu'aucun homme, inftruit de leurs opérations, ne pourra me contefter, je veux bien qu'elles ne *réagissent* pas sur leurs actes; car que m'importe à moi le nom qu'on y voudra donner !

L'OBSERVATEUR.

A quel propos l'Auteur de la nature, en accordant la perfectibilité aux brutes, leur auroit-il fait un don constamment inutile? .... Concluons sans hésiter. La faculté de se perfectionner est pour les brutes d'une inutilité constante; donc elles en sont dépourvues.

REPONSE.

A quel propos l'Auteur de la nature, en accordant la perfectibilité aux Hurons ou à tel autre peuple, qui reste depuis des siecles dans le même degré d'abrutissement, leur auroit-il fait un don constamment inutile? *Concluons sans hésiter; &c.* Toutes les fois qu'avec notre foible raison, nous voudrons déterminer ce que doit faire l'Auteur de la nature, nous courrons risque de conclure d'une maniere absurde. Nous pouvons observer & admirer ce qu'il a fait ; mais il y a plus que de l'extravagance à vouloir juger de ses vues & pénétrer dans ses desseins. Au reste, je ne prétends pas, dans cet exemple, & je n'ai prétendu nulle part, établir aucune parité entre l'homme & la bête. C'est bien à nous de saisir l'ensemble & les rapports que Dieu peut avoir mis entre ses différens ouvrages ! J'ai observé l'intelligence des bêtes très-indépendamment des rapports qu'elle peut avoir avec la nôtre. J'ai cherché à lire leurs intentions dans leurs actions ; je les y ai lues ; mais je n'ai regardé qu'elles, & je ne me suis jamais occupé d'en tirer aucune conséquence relative à nous. L'homme se dégraderoit-il en reconnoissant les facultés qui existent dans des êtres inférieurs à lui, & ce qu'il a de commun avec eux lui ôte-t-il rien des avantages immortels qui le distinguent ? Non, il se dégraderoit beaucoup plus en affectant de méconnoître les privileges dont jouissent ces êtres subordonnés. Si quelque chose peut réellement avilir, c'est cette crainte puérile qui ferme les yeux sur ce qui est, ou nous porte à desirer que les choses ne fussent pas ce qu'elles sont. Quand nous aurons reconnu dans les animaux des avantages qu'ils partagent avec nous, l'homme n'en restera pas moins au rang que Dieu lui a assigné dans l'immensité de ses ouvrages. Mais revenons à notre sujet. La question de la perfectibilité des bêtes se réduit à un point fort simple. Des êtres qui sentent & se ressouviennent ne peuvent-ils pas éprouver, d'une maniere indéfinie, des sensations nouvelles que la mémoire conserve, & qui s'ajoutent aux connoissances qu'ils avoient déja ? Si cela est, & je doute qu'on puisse le nier, voilà déja les individus perfectibles. Mais si de plus ces êtres peuvent se communiquer les connoissances qu'ils ont acquises, les especes deviennent perfectibles aussi. Or j'ai prouvé, par les faits, qu'il étoit impossible que les bêtes exécutassent ce que nous leur voyons exécuter, sans une communication d'idées, & même sans un langage articulé. J'ai prouvé d'ailleurs que des especes tout entieres acquéroient réellement plus de lumieres & de sagacité dans certains pays, en raison des circonstances qui les forçoient d'être plus clairvoyantes & plus précautionnées. Si l'on vient me demander ensuite, pourquoi donc les bêtes n'usent pas toujours de ce privilege de perfectibilité, pourquoi elles n'ont point d'intérêt à s'instruire, pourquoi elles n'ont que des besoins physiques, pourquoi, *&c.* je réponds d'abord que je n'en sais rien, & qu'il ne m'appartient pas d'en rien savoir. Il a plû au souverain Être d'organiser & de faire vivre des animaux sans nombre, dont les uns sont destinés à brouter l'herbe & à n'avoir besoin que d'un petit nombre de faits pour toutes connoissances. Il a voulu que quelques autres fissent leur nourriture d'une proie fugitive, & que, poursuivis eux-mêmes, ils vécussent entre la nécessité d'attaquer & celle de se défendre. Il a décidé que cette nécessité jetteroit une variété infinie dans leurs démarches, que la multiplicité des obstacles & des périls forceroit à l'attention ces êtres intéressés, & que, dans toutes les especes, de nouveaux besoins augmenteroient ainsi la somme de l'intelligence. Et vous me demandez, à moi, pourquoi ces êtres-là ne font pas de beaux tableaux & des livres de métaphysique? Apparemment que Dieu a voulu qu'ils fissent ce qu'ils font, & ce n'est pas à nous à en savoir davantage.

L'OBSERVATEUR.

Ce qui déshonore, à mon gré, l'intelligence des animaux, c'est bien moins le défaut de perfectibilité que la sûreté & la promptitude de ce prétendu génie, qui leur apprend en un moment tout ce qu'ils doivent savoir..... ils apprennent trop vîte, ou plutôt ils savent trop promptement sans avoir appris, *&c.*

REPONSE.

Que les bêtes apprennent en un moment tout ce qu'elles doivent savoir, c'est ce qui sera démenti par tous ceux qui prendront la peine de les regarder. On apperçoit clairement leur inexpérience premiere, leur tâtonnement, leurs fautes & leurs progrès. Mais, dit-on, elles s'instruisent plus promptement que nous. Il est en effet bien étonnant que Dieu, qui proportionne en tout les moyens à la fin, ait accordé cette célérité d'instruction à des êtres que la nature abandonne bientôt à eux-mêmes, & dont la durée de la vie est très-courte. Sans doute que la mouche éphemere doit s'instruire, & s'instruit encore plus promptement de ce qui est nécessaire à sa conservation, que ne font les animaux qui vivent quelques années.

L'OBSERVATEUR.

Je n'ai jamais bien compris ce que c'est que la différence essentielle des idées acquises par un sens ou par un autre sens.... Les sens ne donnent point les idées ; ils leur donnent seulement de la prise, &, pour ainsi dire, de la parure.

REPONSE.

Il ne paroît cependant pas difficile de comprendre qu'un être qui n'auroit de sens que l'odorat, n'auroit d'idées que celles des différentes odeurs;

que celui qui n'auroit de ſens que le toucher, n'auroit d'idées que celles de la molleſſe ou de lá dureté des corps, de leur forme, *&c.* & que ces idées ſeroient eſſentiellement différentes. Il me ſemble que l'idée d'un corps dur & celle d'une odeur quelconque n'ont rien qui ſe reſſemble eſſentiellement. Ces idées d'ailleurs, quoiqu'acquiſes uniquement par les ſens, me paroiſſent de la plus grande ſimplicité & entierement dénuées de *parure.* On a dit avant l'obſervateur que cinq perſonnes, chacune avec un ſens différent, s'entendroient en géométrie. Cela peut être, & je le crois. Mais je ne vois pas comment, ſur les autres objets, elles pourroient s'entendre; comment l'une pourroit faire comprendre à l'autre les réſultats d'une ſenſation dont celle-ci ne pourroit avoir aucune idée.

L'OBSERVATEUR.

Il n'eſt guere de payſan qui ne ſoit aſſez bon métaphyſicien à ſa maniere. Il n'en eſt point qui ne faſſe des abſtractions, qui ne généraliſe ſes idées, *&c,*

REPONSE.

Il paroît que l'observateur regarde la faculté d'abstraire comme un privilege exclusif de l'espece humaine. Avec la sagacité qu'il montre, s'il eût pris la peine d'y réfléchir, il eût vu que ce n'est qu'un secours accordé à la foible intelligence des êtres imparfaits. Les bêtes sont forcées comme nous de faire des abstractions. Un chien qui cherche son maître, s'il voit une troupe d'hommes, y court d'abord en vertu d'une idée abstraite générale qui lui représente des qualités communes entre son maître & ces hommes-là. Il parcourt ensuite successivement plusieurs sensations moins générales, mais toujours abstraites, jusqu'à ce qu'il soit frappé de la sensation particuliere qui est l'objet de ses recherches. Les actions des bêtes qui supposent abstraction sont si communes, qu'il est inutile d'en charger le papier. Avec la plus légere attention, on peut s'en rappeller un grand nombre. Il n'appartient qu'à l'Intelligence suprême de n'avoir point d'iidées abstraites, parce que d'une seule vue elle pénetre & l'ensemble & les détails, & qu'elle a toujours actuellement présent tout ce qui existe.

L'OBSERVATEUR.

Les singes ne peuvent-ils pas s'entr'aider à peu près comme les hommes? Tous les animaux de même espece peuvent se servir réciproquement.

REPONSE.

Je ne parlerai pas des singes, parce que je ne connois pas leurs mœurs. Je n'en ai point vu de rassemblés en société libre, & je n'ai rien lu de fort instructif sur leur compte dans les voyageurs. Mais l'observateur me fera grand plaisir de me dire en quoi les animaux frugivores pourroient s'entr'aider beaucoup, & en quoi les carnassiers manquent à se servir réciproquement lorsqu'ils ont l'intérêt & les moyens de le faire. Il n'est pas question ici de demander pourquoi les bêtes ne font pas certaines choses, mais comment elles peuvent faire ce qu'elles font tous les jours. L'explication des phénomenes les plus communs sera toujours le désespoir des partisans de l'automatisme.

L'OBSERVATEUR.

Pourquoi les aigles n'iroient-ils pas à la chasse des hommes ? Ne peuvent-ils pas, en planant dans les airs, laisser tomber sur nos têtes ces fardeaux immenses qu'ils sont capables de porter ?

REPONSE.

Ce pourroit être un avis utile à donner aux aigles ; je crois en effet qu'ils ne s'en sont jamais avisés, si ce n'est peut-être celui qui brisa la tête chauve du poëte Simonide avec une tortue. C'étoit un maître aigle que celui-là. Quant aux autres, quoiqu'ils portent des fardeaux *immenses*, comme tout le monde sait, je pense qu'il leur est plus avantageux de continuer à enlever des agneaux & des lievres, comme ils ont toujours fait. C'est en allant à son but par le chemin le plus court qu'on montre le plus d'esprit & de sagacité.

L'OBSERVATEUR.

Peut-on dire sérieusement que l'intelligence des animaux ne se perfectionne pas, faute des arts qui la supposent ?

REPONSE.

Ce seroit sans doute une absurdité ; mais il est bien sûr qu'on ne l'a dite nulle part. On sait que c'est l'intelligence qui invente les arts, & que ce sont les mains qui les exécutent. Mais on sait aussi qu'on n'invente point ce qu'on n'a nul moyen d'exécuter. Si les hommes eussent été sans mains, avec toute leur intelligence ils n'eussent point inventé les arts. Mais les arts, une fois inventés & exécutés, par l'intelligence & par les mains, étendent la sphere de l'intelligence même, en multipliant les objets de ses connoissances. Il n'y a point là de cercle vicieux. Il n'existe que dans l'assertion de l'observateur, qui n'est point du tout la mienne. Au reste, il est faux que, pour avoir quelques-uns des moyens, on soit obligé d'exécuter, sous peine d'être regardé comme dépourvu d'intelligence. Combien de peuples entiers n'exécutent point, quoiqu'ils aient de l'intelligence & des mains !

L'OBSERVATEUR.

Il est très-faux que les arts aient élevé les hommes au-dessus des brutes, dans le sens où l'on voudroit en tirer avantage contre nous.

REPONSE.

Je réclame ici la justice de l'observateur contre lui-même. Je n'ai dit nulle part que l'homme ne dût qu'aux arts la supériorité qu'il a sur les brutes; je suis très-éloigné de le penser, & encore plus de tirer aucun avantage contre nous du degré d'intelligence que je vois clairement exister dans les animaux. J'ai dit, & je crois en être sûr, qu'il y a tel homme dont actuellement la somme des idées & des connoiſſances acquiſes eſt inférieure à la ſomme des idées de tel renard dont j'ai ſuivi les manœuvres. Mais je n'ai jamais eu deſſein d'en conclure que cet homme n'eût pas en puiſſance, la faculté de ſurpaſſer le plus habile des renards.

L'OBSERVATEUR.

Les ſciences abſtraites rendent en général plus ſtupide & plus inſenſée une bonne partie du corps de la nation.

REPONSE.

L'obſervateur prétend ajouter encore à l'idée de M. Rouſſeau, qui dit ſeulement que les ſciences contribuent à nous rendre plus méchans, en nous rendant plus éclairés ; que ce ſont des armes données à des furieux. Mais ſi elles nous rendent *ſtupides*, elles ont dès-lors une utilité morale, à laquelle ſans doute M. Rouſſeau n'avoit pas ſongé, & cet écrivain doit être moins en colere contre elles. Voilà comme dans l'eſpece humaine tout va ſe perfectionnant par de nouvelles découvertes. Il est vrai que si la premiere assertion a semblé paradoxale, celle-ci pourroit peut-être élever quelques doutes. Mais aussi, que les sciences nous rendent *stupides*, ce seroit une belle démonstration à faire.

L'OBSERVATEUR.

La sensibilité, ce précieux attribut de l'intelligence, se montre-t-elle avec quelqu'énergie dans la plupart des brutes envers leurs semblables?

REPONSE.

Elle se montre avec la plus grande énergie dans toutes les especes qui vivent ensemble, & qui ont des moyens de s'entre-secourir; celui qui en doutera peut essayer d'aller faire crier un porc dans un bois où il y en aura d'autres à la glandée. Les especes vigoureuses & bien armées défendent avec fureur les individus de leurs troupes; les especes foibles s'avertissent du danger; celles qui vivent en famille y concentrent leurs intérêts, & il n'est

pas

pas extraordinaire qu'elles n'en prennent aucun à d'autres individus qui n'ont aucun rapport avec elles.

L'OBSERVATEUR.

L'organisation, selon le procédé si connu de la nature, devroit marcher par des nuances insensibles.... Il devroit donc y avoir des animaux presque aussi bien organisés que nous, peut-être d'autres beaucoup mieux, *&c.*

REPONSE.

Je me contente de voir ce qui est, & je ne me suis jamais inquiété de ce qui devroit être. Un des plus grands obstacles au progrès réel des connoissances, c'est cette fureur de présumer, & de décider ensuite sur des présomptions. Il est plaisant qu'avec le peu que nous savons, nous prétendions déterminer les loix de la nature. Qui nous a dit que l'organisation devroit marcher par des nuances insensibles? Si cela n'est pas, pourquoi cela devroit-il être? Les analogies ne sont bonnes qu'à faire conjecturer lorsque les faits manquent; & toutes les analogies du monde ne valent pas un seul fait bien observé. Que Dieu ait voulu mettre, ou non, une distance plus ou moins grande entre quelques-uns de ses ouvrages & les autres, ce n'est pas là mon affaire. Je me borne à admirer tout ce qu'il a fait pour sa gloire, & à lui rendre graces de ce qu'il a fait pour moi.

Voilà, M. ce que j'ai cru devoir relever dans les observations qu'on a faites sur mes lettres. Si l'observateur a pensé qu'elles pussent, en quelque maniere, favoriser le matérialisme, je ne peux que lui savoir gré d'avoir pris l'alarme, & le remercier de m'avoir donné occasion de m'expliquer & de détruire les impressions qui auroient pu en résulter contre mon intention.

J'ai l'honneur d'être, *&c.*

SEPTIEME LETTRE.

Sur l'instinct des Animaux.

RIEN n'est si ordinaire, Monsieur, parmi les hommes & même parmi les philosophes, que de se servir de mots auxquels on n'attache aucune signification précise, & cependant de les employer comme s'ils en avoient une bien déterminée. De-là sont nés des raisonnemens sans fin & des disputes interminables, qu'on se seroit épargnés en apportant quelque soin à bien expliquer ce qu'on entend par ces mots. Celui d'*instinct* me paroît être un de ceux dont on a le plus abusé, & qu'on a le plus souvent prononcé sans l'entendre. Tout le monde veut bien désigner par-là le principe qui dirige les bêtes dans leurs actions; mais chacun, à sa maniere, détermine la nature ou fixe l'étendue de ce principe. On s'accorde bien sur le mot; mais les idées qu'on y attache sont essentiellement différentes. Aristote & les Péripatéticiens donnoient aux bêtes une ame sensitive, mais bornée à la sensation & à la mémoire, sans aucun pouvoir de réfléchir sur ses actes, de les comparer, *&c.* D'autres ont été beaucoup plus loin. Lactance dit qu'excepté la religion, il n'est rien en quoi les bêtes ne participent aux avantages de l'espece humaine.

D'un autre côté, tout le monde connoît la fameuse hypothese de M. Descartes, que ni sa grande réputation, ni celle de quelques-uns de ses sectateurs n'ont pu soutenir. Les bêtes de la même espece ont dans leurs opérations une uniformité qui en a imposé à ces philosophes, & leur a fait naître l'idée d'automatisme; mais cette uniformité n'est qu'apparente, & l'habitude de voir la fait disparoître aux yeux exercés. Pour un chasseur attentif, il n'est pas deux renards dont l'industrie se ressemble entierement, ni deux loups dont la gloutonnerie soit la même.

Depuis M. Descartes, plusieurs théologiens ont cru la religion intéressée au maintien de cette opinion du méchanisme des bêtes. Ils n'ont point senti que la bête, quoique pourvue de facultés qui lui ſont communes avec l'homme, pouvoit en être encore à une diſtance infinie. Ainſi l'homme lui-même eſt très-diſtant de l'ange, quoiqu'il partage avec lui une liberté & une immortalité qui l'approchent du trône de Dieu.

L'anatomie comparée nous montre dans les bêtes des organes ſemblables aux nôtres, & diſpoſés pour les mêmes fonctions relatives à l'économie animale. Le détail de leurs actions nous fait clairement appercevoir qu'elles ſont douées de la faculté de ſentir, c'eſt-à-dire, qu'elles éprouvent ce que nous éprouvons lorſque nos organes ſont remués par l'action des objets extérieurs. Douter ſi les bêtes ont cette faculté, c'eſt mettre en doute ſi nos ſemblables en ſont pourvus, puiſque nous n'en ſommes aſſurés que par les mêmes ſignes.

Celui qui voudra méconnoître la douleur à ſes cris, qui ſe refuſera aux marques ſenſibles de la joie, de l'impatience, du deſir, ne mérite pas qu'on lui réponde. Non-ſeulement il eſt certain que les bêtes ſentent, il l'eſt encore qu'elles ſe reſſouviennent.

Sans la mémoire, les coups de fouet ne rendroient point nos chiens sages, & toute éducation des animaux seroit impossible. L'exercice de la mémoire les met dans le cas de comparer une sensation passée avec une sensation présente. Toute comparaison entre deux objets produit nécessairement un jugement; les bêtes jugent donc. La douleur des coups de fouet, retracée par la mémoire, balance dans un chien couchant le plaisir de courir un lievre qui part. De la comparaison qu'il fait entre ces deux sensations naît le jugement qui détermine son action. Souvent il est entraîné par le sentiment vif du plaisir; mais l'action répétée des coups rendant plus profond le souvenir de la douleur, le plaisir perd à la comparaison; alors il réfléchit sur ce qui s'est passé, & la réflexion grave dans sa mémoire une idée de relation entre un lievre & des coups de fouet.

Cette idée devient si dominante, qu'enfin la vue d'un lievre lui fait serrer la queue, & regagner promptement son maître. L'habitude de porter les mêmes jugemens les rend si prompts, & leur donne l'air si naturel, qu'elle fait méconnoître la réflexion qui les a réduits en principes : c'est l'expérience, aidée de la réflexion, qui fait qu'une belette juge sûrement de la proportion entre la grosseur de son corps & l'ouverture par laquelle elle veut passer. Cette idée une fois établie, devient habituelle par la répétition des actes qu'elle produit, & elle épargne à l'animal toutes les tentatives inutiles ; mais les bêtes ne doivent pas seulement à la réflexion de simples idées de relation ; elles tiennent encore d'elles des idées indicatives plus compliquées, sans lesquelles elles tomberoient dans mille erreurs funestes pour elles. Un vieux loup est attiré par l'odeur d'un appât ; mais lorsqu'il veut en approcher, son nez lui apprend qu'un homme a marché dans les environs.

L'idée du passage d'un homme lui indique un péril & des embûches. Il hésite donc, il tourne pendant plusieurs nuits, l'appétit le ramene aux environs de cet appât dont l'éloigne la crainte du péril indiqué. Si le chasseur n'a pas pris toutes les précautions usitées pour dérober à ce loup le sentiment du piege, si la moindre odeur de fer vient frapper son nez, rien ne rassurera jamais cet animal, devenu inquiet par l'expérience.

Ces idées acquises successivement par la sensation & la réflexion, & représentées dans leur ordre par l'imagination & par la mémoire, forment le systême des connoissances de l'animal & la chaîne de ses habitudes; mais c'est l'attention qui grave dans sa mémoire tous les faits qui concourent à l'instruire: & l'attention est le produit de la vivacité des besoins. Il doit s'ensuivre que parmi les animaux, ceux qui ont des besoins plus vifs ont plus de connoissances acquises que les autres. En effet on apperçoit, au premier coup-d'œil, que la vivacité des besoins est la mesure de l'intelligence dont chaque espece est douée, & que les circonstances qui peuvent rendre pour chaque individu les besoins plus ou moins pressans, étendent plus ou moins le systême de ses connoissances.

La nature fournit aux frugivores une nourriture qu'ils se procurent facilement sans industrie & sans réflexion:

ils savent où est l'herbe qu'ils ont à brouter, & sous quel chêne ils trouveront du gland.

Leur connoissance se borne à cet égard à la mémoire d'un seul fait : aussi leur conduite, quant à cet objet, paroît-elle stupide & voisine de l'automatisme. Mais il n'en est pas ainsi des carnassiers : forcés de chercher une proie qui se dérobe à eux, leurs facultés, éveillées par le besoin, sont dans un exercice continuel ; tous les moyens par lesquels leur proie leur est souvent échappée, se représentent fréquemment à leur mémoire. De la réflexion qu'ils sont forcés de faire sur ces faits, naissent des idées de ruses & de précautions qui se gravent encore dans la mémoire, s'y établissent en principes, & que la répétition rend habituelles. La variété & l'invention de ces idées étonnent souvent ceux auxquels ces objets sont les plus familiers. Un loup qui chasse sait, par expérience, que le vent apporte à son odorat les émanations du corps des animaux qu'il recherche : il va donc toujours le nez au vent ; il apprend de plus à juger, par le sentiment du même organe, si la bête est éloignée ou prochaine, si elle est reposée ou fuyante. D'après cette connoissance il regle sa marche; il va à pas de loup pour la surprendre, ou redouble de vîtesse pour l'atteindre. Il rencontre sur sa route des mulots, des grenouilles & d'autres petits animaux, dont il s'est mille fois nourri; mais, quoique déja pressé par la faim, il néglige cette nourriture présente & facile, parce qu'il sait qu'il trouvera dans la chair d'un cerf ou d'un daim un repas plus ample & plus exquis. Dans tous les tems ordinaires, ce loup épuisera toutes les ressources qu'on peut attendre de la vigueur & de la ruse d'un animal solitaire; mais lorsque l'amour met en société le mâle & la femelle, ils ont respectivement, quant à l'objet de la chasse, des idées qui dérivent de la facilité que l'union procure. Ces loups connoissent, par des expériences répétées, où vivent ordinairement les bêtes fauves, & la route qu'elles tiennent lorsqu'elles sont chassées. Ils savent aussi combien est utile un relais pour hâter la défaite d'une bête déja fatiguée. Ces faits étant connus, ils concluent de l'ordinaire au probable, & en conséquence ils partagent leurs fonctions. Le mâle se met en guête, & la femelle, comme plus foible, attend au détroit la bête haletante qu'elle est chargée de relancer. On s'assure aisément de toutes ces démarches, lorsqu'elles sont écrites sur la terre molle ou sur la neige, & on peut y lire l'histoire des pensées de l'animal.

Le renard, beaucoup plus foible que le loup, est contraint de multiplier beaucoup plus les ressources pour obtenir sa nourriture. Il a tant de moyens à prendre, tant de dangers à éviter, que sa mémoire est nécessairement chargée d'un nombre de faits qui donne à son instinct une grande étendue. Il ne peut pas abattre ces grands animaux, dont un seul le nourriroit pendant plusieurs jours. Il n'est pas non plus pourvu d'une vîtesse qui puisse suppléer au défaut de vigueur : ses moyens naturels sont donc la ruse, la patience & l'adresse. Il a toujours, comme le loup, son odorat pour boussole. Le rapport fidele de ce sens bien exercé l'instruit de l'approche de ce qu'il cherche, & de la présence de ce qu'il doit éviter. Peu fait pour chasser à force ouverte, il s'approche ordinairement en silence ou d'une perdrix qu'il évente, ou bien du lieu par lequel il sait que doit passer un lievre ou un lapin. La terre molle reçoit à peine la trace légere de ses pas. Partagé entre la crainte d'être surpris, & la nécessité de surprendre lui-même, sa marche, toujours précautionnée & souvent suspendue, décele son inquiétude, ses desirs & ses moyens. Dans les pays giboyeux, où les plaines & les bois ne laissent pas manquer de proie, il fuit les lieux habités. Il ne s'approche de la demeure des hommes que quand il est pressé par le besoin; mais alors la connoissance du danger lui fait doubler ses précautions ordinaires. A la faveur de la nuit, il se glisse le long des haies & des buissons. S'il sait que les poules sont bonnes, il se rappelle en même tems que les piéges & les chiens sont dangereux. Ces deux souvenirs guident sa marche, & la suspendent ou l'accélerent, selon le degré de vivacité que donnent à l'un d'eux les circonstances qui surviennent. Lorsque la nuit commence, & que sa longueur offre des ressources à la prévoyance du renard, le jappement éloigné d'un chien arrêtera sur le champ sa course. Tous les dangers qu'il a courus en différens tems se représentent à lui; mais à l'approche du jour cette frayeur extrême cede à la vivacité de l'appétit: l'animal alors devient courageux par nécessité. Il se hâte même de s'exposer, parce qu'il sait qu'un danger plus grand le menace au retour de la lumiere.

On voit que les actions les plus ordinaires des bêtes, leurs démarches de tous les jours supposent la mémoire, la réflexion sur ce qui s'est passé, la comparaison entre un objet présent qui les attire & des périls indiqués qui les éloignent, la distinction entre des circonstances qui se ressemblent à quelques égards, & qui different à d'autres, le jugement & le choix entre tous ces rapports. Qu'est-ce donc que l'instinct? Des effets si multipliés dans les animaux, de la recherche du plaisir & de la crainte de la douleur; les conséquences & les inductions tirées, par eux, des faits qui se sont placés dans leur mémoire; les actions qui en résultent; ce systême de connoissances auxquelles l'expérience ajoute, & que, chaque jour, la réflexion rend habituelles: tout cela ne peut pas se rapporter à l'instinct, ou bien ce mot devient synonyme avec celui d'intelligence.

Ce sont les besoins vifs qui, comme nous l'avons dit, gravent dans la mémoire des bêtes des sensations fortes & intéressantes, dont la chaîne forme l'ensemble de leurs connoissances. C'est par cette raison que les animaux carnassiers sont beaucoup plus industrieux que les frugivores, quant à la recherche de la nourriture; mais chassez souvent ces mêmes frugivores, vous les verrez acquérir, relativement à leur défense, la connoissance d'un nombre de faits, & l'habitude d'une foule d'inductions qui les égalent aux carnassiers. De tous les animaux qui vivent d'herbes, celui qui paroît le plus stupide est peut-être le lievre. La nature lui a donné des yeux foibles & un odorat obtus: si ce n'est l'ouie qu'il a excellente, il paroît n'être pourvu d'aucun instrument d'industrie.

D'ailleurs il n'a que la fuite pour moyen de défense ; mais aussi semble-t-il épuiser tout ce que la fuite peut comporter d'intentions & de variétés. Je ne parle pas d'un lievre que des levriers forcent par l'avantage d'une vîtesse supérieure, mais de celui qui est attaqué par des chiens courans. Un vieux lievre, ainsi chassé, commence par proportionner sa fuite à la vîtesse de la poursuite. Il sait, par expérience, qu'une fuite rapide ne le mettroit pas hors de danger, que la chasse peut être longue, & que ses forces ménagées le serviront plus long-tems. Il a remarqué que la poursuite des chiens est plus ardente & moins interrompue dans les bois fourés, où le contact de son corps leur donne un sentiment plus vif de son passage, que sur la terre où ses pieds ne font que poser ; ainsi il évite les bois & suit presque toujours les chemins (ce même lievre, lorsqu'il est poursuivi à vue par une levrier, s'y dérobe en cherchant les bois). Il ne peut pas douter qu'il ne soit suivi par les chiens courans, sans être vu ; il entend distinctement que la poursuite s'attache, avec scrupule, à toutes les traces de ses pas. Que fait-il? après avoir couru un long espace en ligne droite, il revient exactement sur ses mêmes voies. Après cette ruse, il se jette de côté, fait plusieurs sauts consécutifs, & par-là dérobe aux chiens, au moins pour un tems, le sentiment de la route qu'il a prise. Souvent il va faire partir du gîte un autre lievre dont il prend la place. Il déroute ainsi les chasseurs & les chiens par mille moyens qu'il seroit trop long de détailler. Ces moyens lui sont communs avec d'autres animaux, qui, plus habiles que lui d'ailleurs, n'ont pas plus d'expérience à cet égard. Les jeunes animaux ont beaucoup moins de ces ruses. C'est à la science des faits que les vieux doivent les inductions justes & promptes qui amenent ces actes multipliés.

Les ruses, l'invention, l'industrie, étant une suite de la connoissance des faits gravés par le besoin dans la mémoire, les animaux doués de vigueur, ou pourvus de défenses, doivent être moins industrieux que les autres. Aussi voyons-nous que le loup qui est un des plus robuſtes animaux de nos climats, eſt un des moins rusés lorſqu'il eſt chaſſé. Son nez, qui le guide toujours, ne le rend précautionné que contre les ſurpriſes. Mais d'ailleurs il ne ſonge qu'à s'éloigner, & à ſe dérober au péril par l'avantage de ſa force & de ſon haleine. Sa fuite n'eſt point compliquée comme celle des animaux timides. Il n'a point recours à ces feintes & à ces retours, qui ſont une reſſource néceſſaire pour la foibleſſe & la laſſitude.

Le ſanglier, qui eſt armé de défenſes, n'a point non plus recours à l'induſtrie. S'il ſe ſent bleſſé dans ſa fuite, il s'arrête pour combattre. Il s'indigne, & ſe fait redouter des chaſſeurs & des chiens, qu'il menace & charge avec fureur. Pour ſe procurer une défenſe plus facile & une vengeance plus aſſurée, il cherche les buiſſons épais & les halliers; il s'y place de maniere à ne pouvoir être abordé qu'en face. Alors, l'œil farouche & les ſoies hériſſées, il intimide les hommes & les chiens, les bleſſe & s'ouvre un paſſage pour une retraite nouvelle.

La vivacité des besoins donne, comme on voit, plus ou moins d'étendue aux connoissances que les bêtes acquierent. Leurs lumieres s'augmentent en raison des obstacles qu'elles ont à surmonter. Cette faculté, qui rend les bêtes capables d'être perfectionnées, rejette bien loin l'idée d'automatisme, qui ne peut être née que de l'ignorance des faits. Qu'un chasseur arrive avec des pieges dans un pays où ils ne sont pas encore connus des animaux, il les prendra avec une extrême facilité, & les renards même lui paroîtront imbécilles. Mais lorsque l'expérience les aura instruits, il sentira, par les progrès de leurs connoissances, le besoin qu'il a d'en acquérir de nouvelles. Il sera contraint de multiplier les ressources, & de donner le change à ces animaux, en leur présentant ses appâts sous mille formes différentes.

Parmi les différentes idées que la nécessité fait acquérir aux animaux, on ne doit point oublier celle des nombres. Les bêtes comptent, cela est certain; & quoique jusqu'à présent leur arithmétique paroisse assez bornée, peut-être pourroit-on lui donner plus d'étendue. Dans les pays où l'on conſerve avec ſoin le gibier, on fait la guerre aux pies, parce qu'elles enlevent les œufs & détruiſent l'eſpérance de la ponte. On remarque donc aſſidument les nids de ces oiſeaux deſtructeurs ; &, pour anéantir d'un coup la famille carnaſſiere, on tâche de tuer la mere pendant qu'elle couve. Entre ces meres, il en eſt d'inquietes qui déſertent leur nid dès qu'on en approche. Alors on eſt contraint de faire un affût bien couvert au pied de l'arbre ſur lequel eſt le nid, & un homme ſe place dans l'affût pour attendre le retour de la couveuſe ; mais il attend en vain, ſi la pie qu'il veut ſurprendre a quelquefois été manquée en pareil cas. Elle ſait que la foudre va ſortir de cet antre où elle a vu entrer un homme. Pendant que la tendreſſe maternelle lui tient la vue attachée ſur ſon nid, la frayeur l'en éloigne juſqu'à ce que la nuit puiſſe la dérober au chaſſeur. Pour tromper cet oiſeau inquiet, on s'eſt aviſé d'envoyer à l'affût deux hommes, dont l'un s'y plaçoit &

l'autre passoit; mais la pie compte & se tient toujours éloignée. Le lendemain trois y vont, & elle voit encore que deux seulement se retirent. Enfin il est nécessaire que cinq ou six hommes, en allant à l'affût, mettent son calcul en défaut. La pie, qui croit que cette collection d'hommes n'a fait que passer, ne tarde pas à revenir. Ce phénomene, renouvellé toutes les fois qu'il est tenté, doit être mis au rang des phénomenes les plus ordinaires de la sagacité des animaux.

Puisque les animaux gardent la mémoire des faits qu'ils ont eu intérêt de remarquer, puisque les conséquences qu'ils en ont tirées s'établissent en principes par la réflexion, ils sont perfectibles, mais nous ne pouvons pas savoir jusqu'à quel degré. Nous sommes même presqu'étrangers au genre de perfection dont les bêtes sont susceptibles. Jamais, avec un odorat tel que le nôtre, nous ne pouvons atteindre à la diversité des rapports & des idées que donne au loup & au chien, leur nez subtil & toujours exercé. Ils doivent à la finesse de ce sens la connoissance de quelques propriétés de plusieurs corps, & des idées de relation entre ces propriétés & l'état actuel de leur machine. Ces idées & ces rapports échappent à la stupidité de nos organes. Pourquoi donc les bêtes ne se perfectionnent-elles point? Pourquoi ne remarquons-nous point un progrès sensible dans les especes? Si Dieu n'a pas donné aux intelligences célestes de sonder toute la profondeur de la nature de l'homme; si elles n'embrassent pas d'un coup d'œil cet assemblage bisarre d'ignorance & de talens, d'orgueil & de bassesse, elles peuvent dire aussi: pourquoi donc cette espece humaine, avec tant de moyens de perfectibilité, est-elle si peu avancée dans les connoissances les plus essentielles? Pourquoi plus de la moitié des hommes est-elle abrutie par des superstitions ridicules? Pourquoi les sciences qui lui sont les plus nécessaires, celles d'où dépend le bonheur de l'espece entiere, sont-elles encore dans l'enfance? *&c.*

Il est certain que les bêtes peuvent faire des progrès; mais mille obstacles particuliers s'y opposent, & d'ailleurs il est apparemment un terme qu'elles ne franchiront jamais.

La mémoire ne conserve les traces des sensations & des jugemens qui en sont la suite, qu'autant que celles-ci ont eu le degré de force qui produit l'attention vive. Or les bêtes vêtues par la nature, ne sont guere excitées à l'attention que par les besoins de l'appétit & de l'amour. Elles n'ont pas de ces besoins de convention, qui naissent de l'oisiveté & de l'ennui. La nécessité d'être émus se fait sentir à nous dans l'état ordinaire de veille, & elle produit cette curiosité inquiete qui est la mere des connoissances. Les bêtes ne l'éprouvent point. Si quelques especes sont plus sujetes à l'ennui que les autres, la fouine, par exemple, que la souplesse & l'agilité caractérisent, ce ne peut pas être pour elle une situation ordinaire, parce que la nécessité de chercher à vivre tient presque toujours leur inquiétude en exercice. Lorsque la chasse est heureuse, & que leur faim est assouvie de bonne heure, elles se livrent, par le besoin d'être émues, à une grande profusion de meurtres inutiles; mais la maniere d'être, la plus familiere à tous ces êtres sentans, est un demi-sommeil pendant lequel l'exercice spontané de l'imagination ne présente que des tableaux vagues qui ne laissent pas de traces profondes dans la mémoire.

Parmi nous, ces hommes grossiers, qui sont occupés pendant tout le jour à pourvoir aux besoins de premiere nécessité, ne restent-ils pas dans un état de stupidité presqu'égal à celui des bêtes?

Il faut que le loisir, la société & le langage servent la perfectibilité, sans quoi cette disposition reste stérile. Or, premierement le loisir manque aux bêtes, comme je l'ai déja dit. Occupées sans cesse à pourvoir à leurs besoins, & se défendre contre d'autres animaux ou contre l'homme, elles ne peuvent conserver d'idées acquises que relativement à ces objets. Secondement, la plupart vivent isolées & n'ont qu'une société passagere, fondée sur l'amour & sur l'éducation de la famille. Celles qui sont attroupées d'une maniere plus durable, sont rassemblées uniquement par le sentiment de la crainte. Il n'y a que les especes timides qui soient dans ce cas ; & la crainte qui approche ces individus les uns des autres, paroît être le seul sentiment qui les occupe. Telle est l'espece du cerf, dans laquelle les biches ne s'isolent guere que pour mettre bas, & les cerfs pour refaire leurs têtes.

Dans les especes mieux armées & plus courageuses, comme sont les sangliers, les femelles, comme plus foibles, restent attroupées avec les jeunes mâles. Mais dès que ceux-ci ont atteint l'âge de trois ans, & qu'ils sont pourvus de défenses qui les rassurent, ils quittent la troupe ; la sécurité les mene à la solitude ; il n'y a donc pas de société proprement dite entre les bêtes.

Le sentiment seul de la crainte & l'intérêt de la défense réciproque, ne peuvent pas porter fort loin leurs connoissances.

Elles ne sont pas organisées de maniere à multiplier les moyens, ni à rien ajouter aux armes, toujours prêtes, qu'elles doivent à la nature.

A l'égard du langage, il paroît que celu

celui des bêtes eſt fort borné. Cela doit être, vu leur maniere de vivre, puiſqu'il y a des ſauvages qui ont des arcs & des fleches, & dont cependant la langue n'a pas trois cens mots. Mais quelque borné que ſoit le langage des bêtes, il exiſte : on peut aſſurer même qu'il eſt beaucoup plus étendu qu'on le ſuppoſe communément dans des êtres qui ont un muſeau allongé ou un bec.

Celles de leurs habitudes qui paroiſſent le plus naturelles, ne peuvent s'être formées, comme nous l'avons prouvé, que par des inductions liées enſemble par la réflexion, & qui ſuppoſent toutes les opérations de l'intelligence; mais nous ne remarquons point d'articulation ſenſible dans leurs cris. Cette apparente uniformité nous fait croire que réellement elles n'articulent point. Il eſt certain cependant que les bêtes de chaque eſpece diſtinguent très-bien entre elles ces ſons qui nous paroiſſent confus. Il ne leur arrive pas de s'y méprendre, ni de confondre le cri de la frayeur avec le *ganniſſement* de l'amour. Il n'eſt pas ſeulement néceſſaire qu'elles expriment ces situations tranchées ; il faut encore qu'elles en caractérisent les différentes nuances. Le parler d'une mere qui annonce à sa famille qu'il faut se cacher, se dérober à la vue de l'ennemi, ne peut pas être le même que celui qui indique qu'il faut précipiter la fuite. Les circonstances détruisent la néçessité d'une action différente. Il faut que la différence soit exprimée dans le langage qui commande l'action. Par quel méchanisme, des animaux qui chassent ensemble s'accordent-ils pour s'attendre, se retrouver, s'aider ? Ces opérations ne se feroient pas sans des conventions dont le détail ne peut s'exécuter qu'au moyen d'une langue articulée. La monotonie nous trompe, faute d'habitude & de réflexion. Lorsque nous entendons des hommes parler ensemble une langue qui nous est étrangere, nous ne sommes point frappés d'une articulation sensible, nous croyons entendre la répétition continuelle des mêmes sons. Le langage des bêtes, quelque varié qu'il puisse être, doit nous paroître encore mille fois plus monotone, parce qu'il nous est infiniment plus étranger; mais, quel que ſoit ce langage des bêtes, il ne peut pas aider beaucoup la perfectibilité dont elles ſont douées. La tradition ne ſert preſque point aux progrès des connoiſſances. Sans l'écriture, qui appartient à l'homme ſeul, chaque individu, concentré dans ſa propre expérience, ſeroit forcé de recommencer la carriere que ſon devancier auroit parcourue, & l'hiſtoire des connoiſſances d'un homme ſeroit preſque celle de la ſcience de l'humanité.

On peut donc préſumer que les bêtes ne feront jamais de grands progrès, quoique relativement à certains arts elles puiſſent en avoir fait, ſans que nous nous en fuſſions apperçus. En général, les obſtacles qui s'oppoſent aux progrès des eſpeces ſont fort difficiles à vaincre, & les individus n'empruntent point non plus de la force d'une paſſion dominante cette activité ſoutenue, qui fait qu'un homme s'éleve, par le génie, fort au-deſſus de ſes égaux. Les bêtes ont cependant des paſſions naturelles, & d'autres qu'on peut appeller factices ou de réflexion; celles du premier genre sont l'impression de la faim, les desirs ardens de l'amour, la tendresse maternelle; les autres sont la crainte de la disette ou l'avarice, & la jalousie qui conduit à la vengeance.

Mais nous avons montré dans les lettres précédentes, que ces passions n'ont ni la continuité ni le caractere de celles qui servent réellement aux progrès des especes. Elles remplissent leur objet par des moyens peu compliqués, & qui doivent être toujours les mêmes. De ce que les bêtes n'inventent point au-dela de leurs besoins, on auroit tort d'en conclure qu'elles n'inventent point du tout, & certainement la conclusion ne seroit pas légitime. Je bornerai là, Monsieur, mes réflexions sur ce qu'on appelle instinct dans les bêtes. Il me paroît impossible de ne pas reconnoître que le principe qui les meut dans leurs actions, est un principe intelligent, qui est le produit des sensations & de la mémoire. Mais, quoique cet avantage leur soit commun avec nous, il est aisé de voir à quelle distance sont encore de nous ces êtres sentans, & quel intervalle immense nous sépare,

C'eſt, Monſieur, ce qu'on appercevra d'un coup d'œil, en liſant les réflexions ſur l'homme moral qui ſuivent cette lettre, & qui m'ont paru néceſſaires pour éloigner toutes les conſéquences que quelques perſonnes pourroient tirer de l'intelligence reconnue des bêtes.

J'ai l'honneur d'être, *&c.*

LETTRES du Physicien de Nuremberg sur l'HOMME.

PREMIERE LETTRE.

Après avoir examiné, Monsieur, les actions des animaux; après avoir vu comment, dans les différentes especes, les sensations, la mémoire & les besoins produisent, étendent & bornent enfin l'intelligence, il peut être utile de jetter un coup d'œil sur nous-mêmes. En considérant seulement une partie de ce qu'est l'homme, nous le vengerons aisément de l'injure qu'on lui fait en dégradant les autres animaux afin de l'élever. Nous reconnoîtrons la place distinguée qui lui est assignée par l'Auteur de la nature. Ses avantages réels sont assez brillans pour établir par eux-mêmes sa supériorité, sans avoir recours à des ressources contre lesquelles déposent l'expérience & le sentiment. Les vrais détracteurs de l'espece humaine sont ceux qui croient avoir besoin de nier l'intelligence des animaux pour maintenir la dignité de l'homme, comme si cette dignité n'étoit pas indépendante & personnelle, comme si la portion que les autres animaux ont reçue du Créateur avoit quelqu'influence sur les avantages immortels dont il nous a comblés. Je ne prétends pas, Monsieur, à beaucoup près, traiter cet immense sujet dans toute son étendue. Ce travail seroit fort au-dessus de mes forces, & d'ailleurs il exigeroit des volumes. Je ne veux qu'indiquer les principes généraux des actions humaines, & tâcher de les reconnoître dans quelques-unes des manieres dont la société les modifie & souvent les défigure. Ce qui rend cet examen épineux, c'est qu'on ne voit pas au premier coup d'œil dans l'espece un caractere distinctif qui convienne à tous les individus. Il y a tant de différences entre leurs actions, qu'on seroit tenté d'en supposer dans leurs motifs. Depuis l'esclave, qui flatte indignement son maître, jusqu'à Thamas, qui égorge des milliers de ses semblables pour n'avoir personne au-dessus de lui, on voit des variétés sans nombre. On ne peut qu'être frappé d'admiration lorsqu'on regarde les travaux immenses de l'homme, qu'on examine le détail de ses arts & le progrès de ses sciences, qu'on le voit franchir les mers, mesurer les cieux, & disputer au tonnerre son bruit & ses effets. Mais comment n'être pas surpris en même tems de l'ignorance & de la stupidité de la plus grande partie de l'espece ? comment ne pas frémir de la bassesse ou de l'atrocité des actions par lesquelles s'avilit souvent ce roi de la nature ? Effrayés de cet assemblage monstrueux, quelques moralistes ont eu recours, pour expliquer l'homme, à un mêlange de bons & de mauvais principes, qui lui-même a grand besoin d'être expliqué. L'orgueil, la superstition, la crainte ont embarrassé la connoissance de l'homme de mille préjugés que l'observation doit détruire. La religion est chargée de nous conduire dans la route du bonheur qu'elle nous prépare au-delà des tems. La philosophie doit étudier les motifs naturels des actions de l'homme pour trouver les moyens, du même genre, de le rendre meilleur & plus heureux pendant cette vie passagere. Il faut convenir qu'en regardant l'homme tel qu'il est aujourd'hui dans l'état de société, on est tenté d'abord de le croire dénaturé. Tant d'idées étrangeres à sa constitution primitive, tant de passions factices entrent dans sa composition actuelle, que plusieurs philosophes ont cru nécessaire, pour le connoître, de remonter à un état ancien, où l'on pût trouver plus de simplicité & moins de complications. Mais ce moyen ne paroît pas fait pour garantir de l'erreur. On commence par supposer l'état qu'on examine, & les réflexions de l'observateur ne peuvent porter que sur l'ouvrage de son imagination, qui peut être fort éloigné de celui de la nature. Ce n'est donc point dans un passé qui nous est inconnu, qu'il faut chercher à connoître l'homme; mais en le regardant tel qu'il est sous nos yeux, il est facile de distinguer à part les besoins qu'il tient de la nature, d'avec ceux que l'état de société fait naître, & qu'ensuite il rend habituels. On peut ainsi parvenir à reconnoître les élémens qui entrent dans la composition de l'homme, & les produits de ces élémens.

Tous les philosophes, & même la plupart des théologiens, conviennent aujourd'hui que nos sensations sont la matiere premiere de nos idées ; & cette vérité, connue depuis long-tems d'une maniere générale & assez vague, ne pouvoit pas échapper, avec tous ses détails, à la sagacité de nos observateurs. Ceux qui ont examiné l'entendement humain, ont très-bien marqué l'ordre dans lequel nous éprouvons les effets de cette faculté générale à laquelle nous devons toutes nos connoissances. Mais sentir n'est pas simplement appercevoir. Dans une sensation, il y a presque toujours deux impressions à considérer ; la perception de l'objet qui la cause, & la modification qu'en reçoit notre ame, c'est-à-dire, le plaisir ou la douleur qu'elle nous fait éprouver. C'est principalement de ce qu'il y a de représentatif dans nos sensations, que proviennent nos connoissances. Du genre d'affection qu'elles nous causent, naît le plaisir ou la douleur, c'est-à-dire, un sentiment qui nous fait aimer ou haïr notre existence. L'une de ces impressions nous met dans le cas de comparer, de juger, *&c.* l'autre nous porte à desirer, à vouloir. Celle-ci est l'agent impérieux qui nous remue ; le desir est le créateur de nos actions ; pour nous connoître il faut observer ce qui l'excite en nous. La faculté de sentir, qui appartient à l'ame, n'ayant d'exercice que par l'entremise des organes matériels dont l'assemblage forme notre corps, il peut en résulter une différence naturelle entre les hommes. Si le tissu des fibres n'est pas le même dans tous, quelques-uns doivent avoir certains organes plus sensibles, & recevoir en conséquence des objets qui les ébranlent, une impression dont la force est inconnue à d'autres. Dans ce cas, nos jugemens & nos choix n'étant que le résultat d'une comparaison entre les différentes impressions que nous recevons, ils seroient aussi peu semblables d'un homme à un autre que ces impressions mêmes. De-là on pourroit conclure que la connoissance de l'homme est une chose impossible, que chaque individu a une mesure qui ne peut nullement s'appliquer à l'espece entiere, que le jugement qu'on porte de la conduite d'autrui est toujours injuste, & que les conseils qu'on lui donne sont encore plus inutiles. Ma raison doit être étrangere à celle d'un homme qui ne sent pas comme moi; & si je le prends pour un fou, il a droit de me regarder comme un imbécille. Mais toutes nos sensations particulieres, tous les jugemens qui en résultent aboutissent à une disposition commune & nécessaire à tous les êtres sensibles, le desir du bien-être. Ce desir, sans cesse agissant, est déterminé par nos besoins vers certains objets. S'il rencontre des obstacles, il devient plus ardent, il s'irrite; & le desir irrité est ce qu'on appelle passion, c'est-à-dire, un état de souffrance dans lequel l'ame toute entiere se porte vers un objet comme vers le point fixe de son bonheur. Pour savoir tout ce dont l'homme est capable, il faut le voir lorsqu'il est passionné. Si vous regardez un loup rassasié, vous ne soupçonnerez pas sa voracité. Les mouvemens de la passion sont toujours vrais, & trop marqués pour qu'on puisse s'y méprendre. Or en examinant un homme agité par quelque passion, je le vois fixé sur un objet dont il poursuit la jouissance. Que le desir qu'il en a soit naturel ou factice, il écarte avec fureur tout ce qui l'en sépare ; le péril disparoît à ses yeux, & il semble s'oublier soi-même. Le besoin qui le tourmente ne lui laisse voir que ce qui peut le soulager. Cette disposition, qui est frappante dans un état extrême, agit constamment, quoique d'une maniere moins sensible, dans les situations plus modérées. L'homme n'a donc point de caractere particulier qui le distingue. Il est toujours ce que les besoins le font être ; & comme, sur-tout dans l'état de société, les besoins varient à l'infini d'individu à individu, & dans le même, selon les tems, on doit trouver en lui des contradictions sans nombre, qui sont toutes produites par le desir commun du bien-être. *C'est un être merveilleusement divers & ondoyant que l'homme*, disoit Montagne, ce grand peintre de la nature humaine. En effet, il paroît être moins le produit de ses inclinations naturelles que des circonstances qui l'environnent. S'il n'est pas cruel par caractere, il ne lui faut qu'une passion & des obstacles pour l'exciter à faire couler le sang, & l'habitude ou les préjugés peuvent lui rendre ensuite la cruauté nécessaire. Le méchant, dit Hobbes, n'est qu'un enfant robuste; & si l'on suppose l'homme avec des desirs vifs & sans expérience, comme sont les enfans, on ne voit pas en effet ce qui pourroit l'arrêter dans la recherche de ce qu'il poursuit. C'est l'expérience qui nous fait trouver, dans notre union avec les autres, des facilités pour la satisfaction de nos besoins. Alors l'intérêt de chacun établit dans son esprit une idée de proportion entre le plaisir qu'il cherche, & le dommage qu'il souffriroit s'il aliénoit les autres. De-là naissent les égards, qui naturellement n'ont lieu qu'autant que les intérêts sont superficiels, mais auxquels l'habitude & le sentiment de la compassion, dont nous parlerons dans la suite, donnent beaucoup de force. Mais les passions nous ramenent à l'enfance, en nous présentant vivement un objet unique avec ce degré d'intérêt qui éclipse tout. Ce mot *passion* réveille, Monſeur, un grand nombre d'idées bien différentes entre elles, lorſque l'on conſidere l'homme dans l'état de ſociété. L'état ſocial & les différentes formes qu'il peut recevoir produiſent, entre les hommes, une complication infinie de rapports & de manieres d'être, dans leſquels on trouve les paſſions naturelles de l'homme abſolument dénaturées. Il eſt donc néceſſaire de bien diſtinguer les beſoins que la nature donne à l'homme individuel, d'avec ces beſoins qu'on peut appeller factices, & qui naiſſent dans l'état de ſociété. Quoique ceux-ci doivent néceſſairement dériver des premiers, ils ſe trouvent à la fin ſi diſſemblables, qu'il faut la plus grande attention pour retrouver leur origine.

Il entre dans la conſtitution de l'homme beaucoup plus de beſoins naturels que dans celle de tous les autres animaux. Quand ſon intelligence ne feroit pas eſſentiellement ſupérieure à la leur, il acquerroit néceſſairement par ſes beſoins & ſes moyens une grande ſupériorité ſur toutes les autres eſpeces. Ce n'eſt pas que le beſoin de ſe nourrir, qui peut devenir un des plus pressans, doive naturellement le forcer à beaucoup d'industrie. Porté, par son goût & par sa constitution, à s'accommoder de différentes especes de nourritures, il est moins exposé qu'un autre à en manquer. La chasse, la pêche, le lait des troupeaux & les fruits de la terre peuvent également assouvir son appétit. Ce n'est pas l'homme affamé qu'il est difficile de rassasier; c'est l'homme dégoûté, dont il est embarrassant d'exciter les desirs; & la terre fourniroit, peut-être sans beaucoup de peine, à l'homme naturel les alimens grossiers suffisans pour entretenir sa vigueur. Cependant les facilités qui résultent de l'association pour la chasse ou pour la pêche, établissent bientôt une société entre les hommes chasseurs ou ictyophages; & la multiplication de la peuplade n'est pas long-tems sans amener la nécessité de la culture des terres. Celle-ci conduit à un nouvel ordre de rapports & d'institutions, qui ne sont point de notre sujet. Toujours est-il certain que si l'homme n'avoit besoin que d'être nourri, la société lui seroit beaucoup moins néceſſaire, qu'elle ne ſeroit que difficilement établie, & que peut-être nous n'admirerions pas tous les progrès que d'autres beſoins ont fait faire à l'induſtrie humaine.

Dans la plupart des climats, l'homme eſt condamné à ſe vêtir, ſous peine de la douleur & même de la mort. Ce beſoin doit donc être mis au rang de ceux de premiere néceſſité, & peut-être oblige-t-il à beaucoup plus de réflexions & d'invention que le beſoin de ſe nourrir. Ce n'eſt pas que l'homme ne puiſſe d'abord ſe couvrir groſſierement avec la peau des bêtes qu'il aura tuées, ſans leur donner aucune préparation; mais il ne pourra pas s'en ſervir long-tems ſans être forcé, par les inconvéniens, de réfléchir ſur les moyens de rendre ce vêtement ſimple, plus propre à ſon uſage. De ces réflexions naîtra l'art de paſſer ces peaux pour les rendre plus ſouples & plus durables, celui de les coudre enſemble pour en être plus complettement ou plus commodément couvert. Les peuples les plus ſtupides, comme les Samoïedes & les Groënlandois, n'ignorent pas ces deux arts, qui sont une suite de la nécessité de se vêtir. S'ils ne savent pas, comme nous, convertir en fil l'écorce du chanvre & du lin, ils se servent assez heureusement des nerfs des animaux qu'ils ont tués, & ils donnent aux peaux de ces animaux la souplesse, sans laquelle elles ne rempliroient pas entierement leur destination. Voilà déja plusieurs arts dus à un besoin de premiere nécessité, & sans l'invention desquels, dans la plupart des climats, l'homme, dont la constitution est peu proportionnée à leur inclémence, périroit infailliblement. Mais aussi ces arts sont inventés par-tout où ils sont nécessaires. Le besoin, ce maître universel de tous les êtres sensibles, donne à cet égard de savantes leçons à ceux qui d'ailleurs sont les plus stupides & les plus grossiers. Mais, quelque bien vêtu que soit l'homme, il sera encore tellement à la merci des intempéries de l'air, qu'une habitation lui est aussi nécessaire qu'un vêtement. S'il commence par se retirer dans le tronc d'un arbre, que la nature ou lui-même aura creusé, cette demeure resserrée lui paroîtra bientôt insuffisante, parce qu'elle l'est en effet. Le besoin le conduira à rassembler des feuillages & des branches, à les lier ensemble, à les remparer avec de la terre, à les couvrir d'herbes seches ou de gasons qui ferment le passage à la pluie, en un mot, à se construire une cabane. C'est encore ce que font, & tous à peu près de la même maniere, les peuples les plus brutes dans les climats rigoureux. C'est un art de premiere nécessité, que la constitution même de l'homme le force d'inventer, sous peine de la douleur & de la mort.

L'amour est sans doute aussi pour l'homme un des besoins les plus pressans. Il se fait sur-tout sentir avec un empire prédominant lorsque les autres sont satisfaits. Cette passion terrible, qui tourmente & perpétue tous les êtres animés, n'a point pour l'homme de saison particuliere. Presque toujours agissante dans l'âge de la vigueur, lors même que les idées morales, soit réelles, soit illusoires, n'ont rien ajouté à sa vivacité naturelle, la jouissance amortit un instant les desirs, mais sans les éteindre. L'espérance du moment à venir se confond avec l'ivresse du moment présent, & donne à cette passion un caractere de permanence, qui ne peut guère manquer d'établir une société durable entre le mâle & la femelle. Il me paroît, Monsieur, que les premiers desirs de l'homme adulte doivent l'attacher à une femme, & que ce lien doit être également resserré par le souvenir & par l'espérance. L'habitude, qui produit l'inconstance & le dégoût dans l'homme civilisé dont la constitution est altérée, exerce un pouvoir tout différent sur l'homme naturel. La communauté des femmes a pu être, dans quelques sociétés, l'effet d'une institution particuliere; mais elle n'a jamais été l'institution de la nature, qui tend, par toutes sortes de voies, à resserrer l'union des mariages. Outre les avantages & les secours réciproques qui résultent de l'association, ce lien acquiert bientôt une force nouvelle par la naissance des enfans, dont les besoins exigent une communauté de soins qui multiplie les rapports que le pere & la mere avoient déja l'un avec l'autre. En regardant seulement ces objets intéressans d'une tendresse naturelle, il eſt impoſſible que les parens n'y trouvent pas des motifs pour ſe devenir encore plus chers. Les ſoins mêmes qu'ils concourent à donner à ces foibles créatures, en leur faiſant naître l'idée d'une propriété commune, excite en eux un ſentiment profond qui tend à les unir. Mon deſſein n'eſt pas d'examiner comment, la famille venant à ſe multiplier, la ſociété s'étend, les intérêts ſe diviſent, les loix s'établiſſent. Il nous ſuffit d'avoir obſervé que tout rend à l'homme l'aſſociation néceſſaire, que ſans elle l'eſpece ne pourroit qu'à peine ſubſiſter, & que la ſociabilité eſt fondée ſur la conſtitution même de l'homme, & ſur les beſoins les plus preſſans qui en dérivent. Mais ceux que nous venons d'indiquer ne ſont pas les ſeuls qu'il tienne de la nature. Il eſt d'autres diſpoſitions qui lui rendent la ſociété du moins très-intéreſſante, & qui, peut-être plus que les premiers beſoins, influent ſur ſes efforts, ſes progrès & ſes crimes. L'homme n'a pas ſeulement beſoin d'être nourri, vêtu, défendu des injures de l'air, & même d'éprouver, pendant une partie de ſa vie, les vives émotions de l'amour. Ces objets réunis pourroient suffire à l'homme isolé, parce que la nécessité d'y pourvoir occuperoit tout son tems, & lui laisseroit à peine celui du sommeil. C'est ce qui arrive en effet à ces malheureux que la pauvreté dévoue à une fatigue continuelle pour soutenir leur vie. Mais l'excès du travail, l'inquiétude & la crainte ne leur laissent qu'un sentiment pénible de l'existence; ils n'en jouissent point, ils en souffrent & n'en sont avertis que par la douleur. Lorsque l'homme a de quoi satisfaire à tous les besoins dont nous avons parlé; lorsque les bienfaits de la nature ne lui laissent, à cet égard, aucune inquiétude prochaine pour l'avenir; lorsqu'enfin il paroît n'avoir qu'à jouir d'un heureux loisir, un nouveau besoin le tourmente, celui d'avoir un sentiment vif de sa propre existence. Nous ne sommes présens à nous-mêmes, que par des sensations immédiates ou des idées. Il faut qu'elles nous intéressent pour nous rendre heureux; & malheureusement les sensations qui nous ont le plus intéressés, s'affoiblissent par leur continuité. Ce que nous avons regardé long-tems devient pour nous comme les objets qui s'éloignent, dont nous n'appercevons plus qu'une image confuse & mal terminée. Le besoin d'exister vivement, joint à cet affoiblissement continuel de nos sensations, nous cause une inquiétude machinale, des desirs vagues, excités par le souvenir importun d'un état précédent. Nous sommes donc forcés, pour être heureux, ou de changer continuellement d'objets, ou d'outrer les sensations du même genre. De-là vient une inconstance qui ne permet pas à nos vœux de s'arrêter, & une progression de desirs qui, toujours anéantis par la jouissance, mais irrités par le souvenir, s'élancent jusques dans l'infini. Cette disposition, qui fait bientôt succéder le mal-aise de l'ennui aux émotions les plus intéressantes, est le tourment de l'homme oisif & civilisé, comme nous le verrons en examinant ses effets dans la société. Mais nous verrons aussi que ce tourment est la source d'une partie de ses effets & de ses progrès. Le besoin d'un sentiment vif de l'existence est balancé dans

l'homme par une autre disposition; qui lui est commune avec tous les autres êtres sensibles, la paresse ou l'amour du repos. Cette force d'inertie n'agit très-puissamment que sur la classe oisive de la société. Dans tout autre état, elle est subjuguée par des besoins plus stimulans. Mais ce qu'on aura peine à croire d'abord, c'est qu'elle est le plus grand principe d'activité parmi les hommes. Le repos en perspective, qui faisoit courir Pyrrhus, fatigue encore tout ambitieux qui veut s'élever, tout avare qui amasse au-delà de ses besoins, tout homme passionné pour la gloire, qui craint des rivaux. L'amour du repos & le desir d'exister vivement sont deux besoins contradictoires qui influent l'un sur l'autre & se modifient. L'homme craint la peine; tout espece d'effort l'importune & le fatigue, à moins qu'il ne soit agité d'une passion. Sur-tout le travail de penser est insupportable à qui l'habitude ne l'a pas rendu facile. Mais l'ennui devient bientôt aussi importun que le travail même. Il semble à l'homme désoccupé qu'une partie de son existence lui échappe. Il change
machinalement

machinalement de lieu ; il eſt forcé de chercher des objets extérieurs, dont l'action le remue & excite en lui le ſentiment de la vie. N'ayant point d'activité propre, il a beſoin d'être paſſif. Il lui faut des ſpectacles extraordinaires, dont la nouveauté ſecoue ſes organes engourdis. Ce mal-aiſe eſt moins connu de l'homme ſauvage, parce qu'il a moins de loiſir, & que, excepté la ſatisfaction des beſoins les plus groſſiers, il n'a pas l'idée d'une maniere vive d'exiſter. Son état habituel eſt donc une ſorte de torpeur. Le mouvement d'un ruiſſeau ſuffit pour exciter en lui une ſenſation occupante lorſqu'il n'eſt pas en action, & l'ignorance d'une émotion plus forte lui laiſſe goûter cette ſituation paiſible & voiſine du ſommeil. Mais ſi le ſauvage a quelquefois joui du ſentiment vif de l'exiſtence ; ſi, par exemple, des liqueurs fortes ont excité en lui ce ſentiment, il en devient très-avide, & il ſacrifie tout à ce beſoin nouveau.

Voilà ce me ſemble, Monſieur, les principaux élémens qui entrent dans la compoſition naturelle de l'homme. C'eſt-là le fonds que les individus apportent dans la société, & qu'elle met en œuvre par les circonstances qu'elle fait naître & les différens rapports qu'elle établit. On voit que l'association est nécessaire à l'homme pour sa conservation, ou du moins pour son bonheur. Il est cependant certain que les mêmes besoins qui l'invitent à s'approcher de ses semblables, produisent ensuite des intérêts contradictoires, qui tendent à l'en éloigner. Le besoin de nourriture n'admet pas toujours le partage ; l'amour excite la jalousie, & en tout, l'intérêt de la propriété porte à la personnalité exclusive. L'homme cherche donc l'association pour se préparer les moyens de jouir, & il est ensuite isolé par la jouissance même. Mais les hommes sont doués d'une disposition d'attrait qui les rend naturellement chers les uns aux autres, & qui agit constamment lorsqu'elle n'est point altérée par un intérêt personnel plus puissant, ou par des habitudes qui la défigurent & même l'anéantissent. Un homme n'est point indifférent pour un autre homme. Celui qui souffre est assuré d'exciter la compassion de ceux qui n'ont point d'intérêt à le voir souffrir, ou dont la sensibilité n'est point encore émoussée. C'est ce qui est prouvé par l'impression générale que font les malheurs d'autrui sur tous les gens désintéressés, & ce que chacun retrouvera dans son propre cœur, pour peu qu'il veuille s'examiner. Plusieurs moralistes ont pensé que ce sentiment n'étoit que l'effet d'un retour sur soi-même; que la compassion n'étoit pas une impression directe, mais un moment réfléchi fondé sur l'intérêt personnel. Il est bien vrai que pour compatir, il faut avoir soi-même l'idée de la douleur, parce qu'il est impossible de partager ce qu'on ne connoît point. Mais cette triste expérience ne manque à personne; & quoiqu'elle soit nécessaire à la naissance du sentiment de la pitié, il n'en est pas moins excité directement par la douleur d'autrui. C'est une douleur réelle que nous fait éprouver la présence d'un homme souffrant. Il en résulte pour nous un mal-aise physique très-incommode, & qui nous porte, de premiere impulsion, à secourir le malheureux. Cette disposition précieuse & sacrée, acquiert en nous de la force par l'exercice & l'habitude. Elle devient le fondement de toutes les vertus qu'on nomme généreuses, parce qu'elles n'ont d'autres récompense que le plaisir pur d'avoir fait des heureux. Nous chercherons, Monsieur, dans la lettre suivante, quel est le produit de toutes ces dispositions naturelles à l'homme, comment ces différens germes se développent dans la société, & se modifient par leur influence réciproque, pour former l'homme tel que nous le voyons. J'ai l'honneur d'être, *&c.*

SECONDE LETTRE.

L'HOMME considéré comme solitaire n'a, Monsieur, que des besoins simples, qui ne le porteroient qu'à des actes uniformes, dont l'histoire se borneroit à un petit nombre de faits. Mais la solitude ne peut pas être longtems son état naturel. L'amour du repos, l'expérience des facilités que l'association procure, le besoin de doubler le sentiment de son existence par la communication des idées, une sorte d'inclination ou de tendresse sourde, approchent les hommes les uns des autres. Il semble que tous ces intérêts naturels, qui forment d'abord leurs liens réciproques, devroient concourir à les resserrer de jour en jour. Mais la société étant une fois établie, étendue, & sur-tout civilisée, il en naît pour les individus qui la composent un ordre d'intérêts nouveaux, qui tendent beaucoup plus à la division qu'à la concorde. Ce n'est pas que l'homme ne conserve toujours les dispofitions effentielles à fa nature. L'état focial ne les anéantit pas, mais il les éclipfe ; & c'eft fouvent en vain qu'on recherche dans l'homme civilifé, l'homme primitif & naturel. C'eft ce qui rend les connoiffances de l'homme infiniment épineufes. On ne diftingue pas toujours fans peine ce qu'il tient de fa conftitution propre, d'avec ce qu'il doit à l'état focial. Les befoins naturels fe trouvent étouffés par une foule de befoins factices, & ce font les derniers qui lui donnent l'impulfion & le mouvement qui fe font le plus remarquer. Il eft aifé d'appercevoir combien & comment, dans une fociété nombreufe, ces befoins factices doivent fe multiplier. Un des premiers effets de cette multiplication eft d'ifoler les hommes, que leurs intérêts & leurs inclinations avoient rapprochés. Ainfi l'état focial devient deftructeur des principes qui l'ont établi, & ces principes n'ont prefque plus d'action dans le cours ordinaire & la durée de la fociété. La variété des jouiffances, qui font l'objet des defirs de tous, établit une rivalité réciproque & générale. Les intérêts fe personnalisent & se concentrent; & quoique cette tendance à s'isoler ne soit qu'acquise, on en retrouve partout les effets. Jettez un coup d'œil sur l'univers, vous verrez les nations séparées entre elles, les sociétés particulieres formant des cercles plus étroits, les familles encore plus resserrées, & nos vœux, toujours circonscrits par nos intérêts, finir par n'avoir d'objet que nous-mêmes. Cette disposition est une suite du desir général du bien-être, nécessaire à tout être sensible. Il est impossible que nous ne poursuivions pas les jouissances que nous envisageons comme essentielles à notre bonheur, & que nous n'ayions pas le desir d'écarter tout ce qui peut en troubler la possession. Voilà l'impulsion de la nature, & elle s'applique à tous les besoins factices que la société fait naître. La raison, c'est-à-dire l'expérience, rectifie à la vérité les erreurs de jugement dans lesquelles nous pouvons tomber sur ce qui nous paroît d'abord essentiel à notre bonheur. Elle nous montre aussi les desirs d'autrui armés contre les nôtres, & le danger qu'il y auroit pour nous dans la pourſuite inconſidérée de ce qui nous plaît; mais ſi elle arrête les effets de cette diſpoſition par la balance d'un intérêt prédominant, la diſpoſition elle-même ſubſiſte dans toute ſa force, & c'eſt le deſir éclairé du bonheur qui en réprime le deſir aveugle. Ce *moi*, que Paſchal ne haïſſoit dans les autres, que parce qu'un grand philoſophe s'aime comme un homme du peuple, n'eſt donc pas haïſſable en ſoi, puiſqu'il eſt univerſel & néceſſaire. Chacun éprouve cette perſonnalité de la part des autres & la lui rend. On ne peut donc raiſonnablement attendre de l'attachement de la part des hommes, qu'autant qu'on eſt de quelqu'utilité pour eux. L'attachement du chien pour le maître qui le nourrit, eſt une image fidelle de l'union des hommes entre eux. Si ſes carreſſes durent encore lorſqu'il eſt raſſaſié, c'eſt que l'expérience des beſoins paſſés lui en fait prévoir de nouveaux. Les liens qui uniſſent les hommes dans la ſociété, n'étant pas toujours formés par des beſoins apparens ou de premiere néceſſité, ils ont quelquefois un air de déſintéreſſement &

de liberté qui nous en impose. On ne regarde pas comme effets du besoin les plaisirs enchanteurs de l'amitié; on croit s'oublier soi-même en aimant ses amis, & en effet, on sacrifie souvent pour eux des intérêts très-chers. Mais nous ne regardons ces sacrifices comme vraiment désintéressés, que faute de connoître tout ce qui est besoin pour nous. Cet homme, dont la conversation vive fait passer dans mon ame une foule d'idées, d'images, de sentimens, m'est aussi nécessaire que la nourriture l'est à celui qui a faim. Il me délivre de l'ennui, il me procure un sentiment vif & complet de mon existence, c'est-à-dire, qu'il satisfait à l'un des besoins les plus pressans que je puisse éprouver. *Vous m'êtes devenu si nécessaire, qu'il m'est impossible de vivre heureux sans vous;* c'est ce qu'on peut dire de plus flatteur à son ami. Plus nos attachemens sont vifs, plus nous sommes aisément trompés sur leur véritable motif. L'activité des passions excite & rassemble une foule d'idées dont l'union produit des chimeres, comme la chaleur de la fievre fait éclorre des rêves dans le cerveau d'un malade. Cette erreur sur le véritable but de nos passions, ne nous séduit jamais d'une maniere plus marquée que dans l'amour. Lorsqu'au printems de notre âge le moment est arrivé où se fait sentir le besoin qui rapproche les sexes, l'espérance, jointe à quelques rapports souvent mal examinés, fixe sur un objet particulier nos vœux d'abord errans. Bientôt cet objet, toujours présent à nos desirs, détruit en nous tout intérêt pour ce qui n'est pas lui. L'imagination active va chercher des fleurs de toute espece pour embellir son idole. Adorateur de son propre ouvrage, un jeune homme ardent voit dans sa maîtresse le chef-d'œuvre des graces, le modele de la perfection, l'assemblage complet des merveilles de la nature. Son attention concentrée ne s'échappe un moment sur d'autres objets, que pour les subordonner à celui-là. Si son ame vient à s'épuiser par des mouvemens aussi rapides, une langueur tendre l'appesantit encore sur la même idée. L'image chérie ne l'abandonne dans le sommeil, qu'avec le sentiment de l'existence.

Les ſonges la lui repréſentent ; &, plus intéreſſante que la lumiere, c'eſt elle qui lui rend la vie au moment du réveil. Alors ſi l'art ou la pudeur d'une femme, ſans déſeſpérer ſes vœux, les irrite par une réſerve adroitement ménagée, le pouvoir des vertus ſe joint à l'illuſion des charmes ; la crainte & le reſpect lui laiſſent à peine lever des yeux tremblans ſur cet objet majeſtueux. Ses deſirs ſont anéantis par une vénération profonde, ou bien ils cedent au plaiſir d'obéir à ce qu'il adore. Sa vie même ſeroit mille fois prodiguée, ſi l'on deſiroit de lui cet hommage. Enfin arrive ce moment qu'il n'oſoit prévoir, & qui le rend égal aux dieux. Le charme ceſſe avec le beſoin de jouir ; les guirlandes ſe fannent, & les fleurs deſſéchées lui laiſſent voir une femme ſouvent auſſi flétrie qu'elles.

C'eſt ainſi, Monſieur, que, dans la ſociété, preſque tous nos beſoins ſe dénaturent au point de devenir méconnoiſſables. Les paſſions mêmes les plus actives perdent de vue leur objet naturel. Les objets ſecondaires, qui d'abord n'étoient enviſagés que comme des moyens, prennent la premiere place. Si vous en exceptez les classes d'hommes continuellement occupés du soin de pourvoir à leur subsistance & des inquiétudes qui y sont relatives, vous trouverez tous les autres entraînés par des passions purement factices, ou du moins par ce qui entre de factice dans les passions naturelles. Ce ne sont plus ces besoins primitifs de nourriture, de vêtement, de logement qui les occupent, dès qu'une fois ces choses leur sont assurées. C'est alors qu'ils éprouvent immédiatement les effets des deux dispositions dont nous avons parlé, l'amour du repos & le besoin d'exister vivement, lesquelles, quoique contradictoires, agissent toujours ensemble. On peut être surpris, au premier coup d'œil, que ce soient la paresse & l'ennui qui donnent le mouvement à l'univers; mais, en observant avec quelqu'attention, il est impossible de ne pas l'avouer. La haine du travail & la crainte de l'ennui combinées ensemble produisent d'abord très-directement l'amour du pouvoir. On regarde comme un de ses privileges l'assurance d'être heureux sans peine. On ne peut être fortement remué & intéressé sans fatigue, que par l'impression reçue des objets extérieurs ; mais comme ces objets ne se présentent pas d'eux-mêmes, il faut donc que d'autres hommes soient occupés à rassembler tout ce qui peut exciter en nous des sensations qui nous agitent, sans que nous ayions la peine de l'activité. Or rien n'est plus commode à cet égard que d'être le maître & d'ordonner. C'est ce qui fait que les hommes ont tous une disposition naturelle au despotisme & que l'exercice en est sur-tout cher à ceux qui sont désoccupés. Le conte du Sultan, qui vouloit qu'on lui récitât des histoires amusantes sous peine d'être étranglé, est une histoire assez fidelle des dispositions secretes de la classe oisive de la société. Mais comme il n'y a guère de voeux durables sans espérance, la tendance au despotisme qu'ont tous les hommes est limitée dans la plupart par le sentiment de l'impuissance ; & elle se borne à acquérir la supériorité dans la classe où l'on peut espérer de s'élever. Il en résulte seulement dans chaque homme un desir inquiet d'élévation qui l'éveille, le tourmente, & le tient souvent agité pendant toute sa vie, quoiqu'il ait pour premier principe l'amour du repos. L'idée de distinction étant une fois établie, elle devient dominante ; & cette passion subséquente anéantit celle qui lui a donné la naissance. Dès qu'un homme s'est comparé avec ceux qui l'environnent, & qu'il a attaché de l'importance à s'en faire regarder, ses véritables besoins ne sont plus l'objet de son attention ni de ses démarches. S'il ne peut pas être, il veut du moins paroître; & de-là, dans la plupart, le goût de la décoration extérieure & de tout l'appareil qui peut donner aux autres l'idée du pouvoir. La modération, qui n'est que l'effet d'une paresse plus profonde & mieux raisonnée, est devenue assez rare pour être admirée; & dès-lors elle a pu être encore un objet d'ambition, puisqu'elle étoit un moyen de considération. Les hommes modérés ont même été de tout tems soupçonnés de masquer des desseins, parce qu'on ne suppose dans les autres que la disposition dont on est soi-même affecté. Si l'on n'eſpere pas d'attirer ſur ſoi les regards de l'univers ou d'une république entiere, on ſe contente de ſe faire remarquer de ſes voiſins, de primer ſur ſes égaux ; & l'on devient heureux par l'attention concentrée de ſon petit cercle. Les prétentions particulariſées, ſuivant les goûts & les moyens, donnent lieu à ces différentes claſſes qui diviſent & circonſcrivent les connoiſſances & les emplois. Beaucoup d'individus s'agitent dans chaque tourbillon pour arriver aux premiers rangs. Le foible ne pouvant s'élever devient envieux, & fait des efforts pour abaiſſer ceux qui s'élèvent. L'envie, exaltée & différemment modifiée, produit quelquefois de grands crimes, & toujours les petites noirceurs qui déſolent la ſociété. Ce deſir, par lequel chacun tend à monter au-deſſus de la place qui lui eſt aſſignée, ſemble être en contradiction avec une pente à l'eſclavage qu'on remarque dans la plupart des hommes, & qui cependant n'eſt encore qu'une ſuite de l'amour du pouvoir. Autrefois la crainte & une ſorte de ſaiſiſſement d'admiration ont dû ſoumettre les hommes ordinaires à ceux que des paſſions fortes portoient à des actions utiles & hardies. Mais ce n'eſt pas de ce genre de ſoumiſſion dont il eſt queſtion ici. Je parle encore de cet eſclavage ſi commun que s'impoſent, par exemple, dans les cours, des gens qui pourroient vivre indépendans ſous la protection des loix. C'eſt l'amour du pouvoir qui conduit à celui-là. On rampe aux pieds du trône, afin d'être encore au-deſſus d'une foule de têtes qu'on aime à faire courber. Il doit en réſulter que les eſclaves les plus bas avec leurs ſupérieurs, ſont les deſpotes les plus hautains avec ceux que la fortune place au-deſſous d'eux; & c'eſt en effet ce qu'on voit toujours arriver. Le Viſir humilié en préſence de ſon maître, eſt bien preſſé de rendre aux Bachas les dédains du Grand Seigneur. L'amour des richeſſes n'eſt encore que l'amour du pouvoir, c'eſt-à-dire le deſir d'éprouver ſans peine des ſenſations nouvelles & intéreſſantes; car les jouiſſances naturelles & immédiates n'exigent pas la néceſſité d'être riche. Mais dans toute ſociété nombreuſe, où la propriété eſt assurée par les loix, les richesses donnent en effet le plus réel des pouvoirs. Celui qui peut fournir aux besoins, soit naturels soit factices, d'un grand nombre d'hommes, est assuré de leurs soins & de leur empressement. Le desir d'acquérir des richesses est donc un produit nécessaire de l'état social; c'est une conséquence directe de la tendance naturelle de l'homme vers le repos, jointe au besoin d'exister d'une maniere vive. Aussi les hommes, en général, sont-ils très-avides des richesses & du pouvoir. Mais l'activité avec laquelle on les poursuit & qui sert à les obtenir, devient elle-même, par l'habitude, un besoin qui se fait vivement sentir. On travaille donc, on s'agite long-tems pour arriver à un repos dont on n'est plus capable lorsqu'on en a acquis les moyens. De-là cette insatiabilité qu'on reproche aux avares & aux ambitieux dans tous les genres. Ils n'ont plus le besoin de posséder, ils sont tourmentés de celui d'acquérir; & la nécessité d'une agitation continuelle est en eux une production de l'amour du repos. C'est ainsi, Monsieur, que, dans l'être social, les passions, les dispositions les plus naturelles à l'homme s'alterent par degré & changent d'objet. La sociabilité même, c'est-à-dire cette inclination qui approche les hommes les uns des autres, s'oblitere & n'agit presque plus sur les hommes rassemblés. Ceux qui poursuivent les mêmes jouissances & qui ont des prétentions communes, sont au contraire entre eux dans un état d'effort réciproque. Si les hostilités ne sont pas continuelles, c'est un repos semblable à celui des gardes avancées de deux camps ennemis. L'inutilité reconnue de l'attaque maintient entre elles les apparences de la paix. De tout ce que nous venons de dire, on pourroit conclure que l'état social tend à dépraver l'homme; que les intérêts diversifiés qu'il fait naître & la concurrence qu'il établit, en éveillant l'industrie, en excitant les efforts, produisent à la vérité les connoissances & leurs progrès, mais qui ne sont que trop rachetés par les crimes qui ont la même origine. Cette conclusion ne seroit pas légitime, & ce seroit attribuer à l'état social ce qui n'est dû qu'à la forme particuliere de la plupart des sociétés que nous connoissons.

L'homme isolé seroit très-malheureux. L'association lui est nécessaire ; il y tend par ses intérêts & ses inclinations, & l'état social en lui-même devroit contribuer au bonheur de tous. Mais ce bonheur de tous, qui est l'objet naturel de l'état social, ne paroît pas être celui des constitutions particulieres de société, établies ordinairement par la violence, l'usurpation ou le hasard, & fondées sur les intérêts du plus petit nombre. Ce sont ces constitutions, auxquelles on peut reprocher de ne pas procurer aux hommes les avantages qui pourroient naturellement résulter de l'état social. Quelle est la meilleure forme de gouvernement possible ? C'est un problême qui ne sera pas sitôt résolu. On peut assurer seulement, que si une société étoit composée de maniere qu'une trop grande inégalité ne laissât pas le plus grand nombre dans une indigence à laquelle une opulence excessive fût dans le cas d'insulter ; que chacun des membres, ayant la propriété de sa personne, fût assuré de plus de se procurer l'aisance de la vie par un travail modéré ; qu'il n'y eût point dans des villes immenses de ces collections de désœuvrés, embarrassés de leur existence & occupés à en renouveller le sentiment par toutes sortes de moyens ; que la considération fût attachée uniquement aux services rendus au public ; que l'inutilité devînt constamment l'enseigne du mépris : alors l'état social procureroit aux hommes rassemblés le plus grand bonheur dont la foible humanité soit susceptible.

Ce n'est pas, Monsieur, qu'on puisse espérer dans aucune constitution une perpétuité, ni même une permanence d'état portée à un certain degré. Quand même la forme de la société ne dénatureroit pas nos affections primitives, elles le seroient peu à peu par une disposition qui agit continuellement & sourdement en nous. Nous avons remarqué que nos sensations s'affoiblissent par leur continuité, & qu'elles ne nous laissent à la fin que le souvenir fatiguant d'une existence vive, qui nous échappe sans cesse, & que sans cesse nous cherchons à rappeller,

Comme la fermentation aigrit insensiblement les liqueurs, cette disposition altere en nous les impressions les plus sacrées de la nature, & nous rend aujourd'hui nécessaire ce dont hier nous aurions frémi. Les jeux du cirque, dans lesquels les gladiateurs se retiroient après avoir reçu quelques blessures, parurent bientôt insipides aux Dames romaines. On vit ce sexe, fait pour la pitié, poursuivre à grands cris la mort des combattans. On exigea dans la suite qu'ils expirassent avec grace, dit l'Abbé Dubos, & cette barbarie devint nécessaire pour achever l'émotion & compléter le plaisir. Par-là notre attention se porte avec intérêt sur tous les spectacles extraordinaires; nous recherchons avec vivacité tout ce qui excite en nous beaucoup d'idées, & sur-tout des sensations nouvelles. Par-là sont déterminés même nos goûts purement physiques. Si les liqueurs fortes nous plaisent, c'est principalement parce que le mouvement qu'elles communiquent au sang, multiplie les idées, les rend plus vives, & semble doubler l'existence. On pourroit en conclure que ce qu'on appelle plaisir, ne consiste que dans le sentiment de l'existence, porté à un certain degré. En effet en suivant ceux du chatouillement, depuis cette sensation vague, qui est une importunité, jusqu'à ce dernier terme, audelà duquel est la douleur; en remontant du chagrin le plus profond jusqu'à cette douleur tendre & intéressante qui en est une teinte affoiblie, on seroit tenté de croire que la douleur & le plaisir, qui sont si essentiellement différens, ne différent au fonds que par des nuances. Quoi qu'il en soit, il est certain que nous devons au besoin d'être émus, une curiosité qui devient la passion de ceux qui n'en ont point d'autre, un goût pour le merveilleux qui produit souvent une crédulité ridicule, une inquiétude qui nous porte sans cesse hors de nous, & nous promene dans la région des chimeres bien plus vaste que celle des réalités. Ce qui est renfermé dans les termes de la raison ne peut pas être long-tems pour nous le point fixe du bonheur. Les choses difficiles & outrées, les idées hors de la nature, doivent séduire presque sûrement la plus grande partie des hommes. La vigilance religieuse & l'occupation de la priere ne suffisent pas à l'imagination mélancolique d'un bonze. Il lui faut des chaînes dont il se charge, des charbons ardens qu'il mette sur sa tête, des cloux qu'il s'enfonce dans les chairs. Par ces différens genres de rigueur qu'il exerce contre lui-même, il est averti de son existence d'une maniere plus intime & plus forte que celui qui remplit simplement les devoirs de la vie civile & de la charité. Suivez le cours de toutes les affections humaines, de celles même qui semblent tenir à la constitution des individus, & qui par-là devroient être moins susceptibles d'altération; vous les verrez tendre à s'exaler au point de paroître entierement défigurées. L'homme délicat & sensible est menacé de devenir pusillanime. Le courage dégénere souvent en dureté. Le contemplatif devient quiétiste, & le zelé est bientôt un homme atroce. La gaieté même, ce caractere actif qui se montre de la maniere la plus constante dans quelques individus, est aussi dans la plupart susceptible d'altération. Il est rare qu'elle dure plus long-tems que la jeunesse, parce qu'elle est absorbée par les passions qui occupent l'ame plus profondément, ou détruite par son exercice même. Mais dans ceux en qui ce caractere subsiste plus long-tems, parce qu'ils ne sont capables que d'intérêts superficiels, il s'altere par degrés, & perd beaucoup de son honnêteté premiere. Les hommes légers, qui n'ont que la gaieté pour attribut, ressemblent assez à ces jeunes animaux, qui, après avoir épuisé toutes les situations plaisantes, finissent par égratigner & mordre. Cette pente, qui entraîne presque tous les individus, peut être remarquée aussi dans l'ensemble des grands événemens qui ont agité la terre. Suivez l'histoire de toutes les nations, vous verrez les meilleurs gouvernemens, ceux qui paroissoient le plus solidement établis, subir une altération graduelle, & finir par se trouver dénaturés. La démocratie, par l'effet d'une fermentation lente, devient aristocratie, & finit souvent par la tyrannie. La monarchie modérée est changée, avec le tems, en pouvoir arbitraire; & si, dans un état il n'arrive pas de révolution par des causes extérieures, une cause interne & toujours agissante précipite toutes les formes de gouvernement dans l'abîme du despotisme, qui lui-même occasionne les plus fréquentes & les plus terribles révolutions. On retrouve encore cette même altération dans les mœurs & le génie des nations différentes. Lorsqu'un peuple commence à se former, que l'état n'a point encore acquis la consistance nécessaire, que la crainte des voisins oblige à la vigilance, on voit régner parmi ce peuple des mœurs agrestes, mais vigoureuses, avec de grandes vertus. L'intérêt de la sûreté tient toutes les ames dans un état d'effort; &, si à l'esprit de conservation succede celui d'aggrandissement & de conquête, on verra durer pendant quelque tems l'héroïsme, la sévérité des mœurs, & l'enthousiasme patriotique. Mais quand l'état est enfin parvenu à acquérir une étendue & une forme qui assurent la tranquillité des citoyens & qui écartent la crainte des troubles, soit au dedans soit au dehors, la sécurité commence à polir les mœurs, & les rend plus foibles & plus douces. Les idées se tournent du côté des plaisirs, mais la vertu regne encore au milieu d'eux. Une urbanité modeste couvre la volupté d'un voile qui la rend d'abord plus piquante, mais qui devient bientôt importun. Alors tous les vices se produisent peu à peu sans pudeur; la réserve & la décence sont des ridicules; la probité un peu rigide devient de mauvaise compagnie; & ne pas tolérer du moins d'agréables fripons, c'est ne pas savoir vivre. Dans les arts, vous verrez l'architecture quitter une simplicité noble pour prodiguer les ornemens; la peinture chargera son coloris; la même altération se fera sentir dans les ouvrages d'esprit. Le besoin de nouveauté mettra la finesse à la place de l'élégance; l'obscurité prendra celle de la force; on sophistiquera tout; une métaphysique puérile analysera froidement les sentimens, au lieu d'échauffer les ames. Tout sera perdu, si quelques génies extraordinaires ne rompent pas cette marche naturelle des penchans humains; mais il peut arriver que la physique expérimentale cultivée, la ſcience du gouvernement méditée & approfondie, ou le tableau de la nature préſenté par des hommes d'une trempe forte, donnent à l'eſprit humain un ſpectacle qui étende ſes vues, & faſſe naître un nouvel ordre de choſes. Un génie heureux peut changer la forme des eſprits de ſon ſiecle, comme une révolution change ſouvent le gouvernement d'une nation.

Nous voyons, Monſieur, que l'homme, pareſſeux par ſa nature, mais agité par le beſoin d'avoir un ſentiment vif de ſon exiſtence, eſt dans la ſociété le jouet continuel d'un eſpoir qui ne ſe renouvelle que pour le trahir. Fatigué dans la recherche du bonheur, par la néceſſité de ſe garantir contre les intérêts qui croiſent le ſien; rebuté par les obſtacles, ou dégoûté par la jouiſſance, il ſemble que la méchanceté lui doit être pardonnable, & que le malheur ſoit ſon état naturel. Je ne parle ici que de la claſſe oiſive de la ſociété, de celle qui, ayant ſa ſubſiſtance amplement aſſurée, n'eſt miſe en mouvement que par des beſoins factices, & ne peut renouveller le sentiment de son existence, qu'en renouvellant sans cesse les objets de son occupation & de sa jouissance. Les hommes que la nécessité de pourvoir aux besoins indispensables tient attachés à un travail assidu, sont bien plus près du bonheur & plus loin du crime, que ceux dont communément ils regardent le sort avec envie. S'ils sont assurés de se procurer, par leur travail, toutes les choses nécessaires à la vie aisée, ils éprouvent le plus haut degré de bonheur dont la nature humaine soit susceptible. Le travail même est pour eux cette occupation intéressante que les autres cherchent & qui les fuit toujours. Dans leurs momens de relâche, ils jouissent pleinement des dispositions les plus légeres & les plus innocentes, qui n'effleurent pas les ames épuisées par un loisir continuel. On peut encore mettre au rang des hommes heureux ceux qu'un goût naturel, & sur-tout l'habitude, ont passionnés pour les arts, pour les sciences, pour les lettres. Ils trouvent dans l'usage de cette passion, une occupation & des jouissances sans cesse renouvellées. Les objets en sont si multipliés, qu'ils n'ont point à craindre d'en manquer. D'ailleurs, l'exercice habituel de la raison & du goût fortifie l'un & l'autre sans fatiguer, & donne même le desir de les exercer de plus en plus. Il n'est point d'hommes qui puissent jouir plus complettement d'eux-mêmes & de ce qui les environne, sur-tout s'ils savent se défendre de la jalousie & des excès de la rivalité, d'une sensibilité outrée aux mauvais succès qu'ils peuvent avoir, & d'une joie perfide des malheurs d'autrui.

C'est sur-tout, Monsieur, sur ces deux classes d'hommes qu'on voit agir le plus puissamment ce sentiment dont nous avons parlé, cette pitié tendre qui intéresse naturellement les hommes les uns aux autres, & qui est le fondement de ce que nous appellons humanité. Ce germe précieux de toutes les vertus se développe moins dans ceux qui sont agités de passions moins modérées, ou qui n'éprouvent qu'un sentiment pénible de l'existence. L'intérêt d'autrui ne peut guère toucher ceux que l'ennui rend à charge à eux-mêmes. Mais si vous en exceptez quelques monstres atrabilaires, qu'une organisation malheureuse & rare porte à la cruauté, & peut-être quelques autres à qui l'habitude a rendu cette émotion nécessaire, les hommes en général sont affectés des peines de leurs semblables, lorsque des passions particulieres ne font pas taire en eux la nature. Si ce doux sentiment ne s'exalte que dans un petit nombre jusqu'au point de balancer l'amour-propre, il en tempère l'activité dans presque tous. Peu semblable aux autres genres d'émotion, il se fortifie par l'usage, & la répétition des actes rend la bienfaisance de plus en plus intéressante pour celui qui l'exerce. Si le grand nombre de passions factices, qui agitent les individus dans la société civilisée, empêche cette disposition de se développer, si des besoins multipliés & stimulans rendent l'homme plus personnel & plus distrait sur ce qui peut intéresser les autres, on peut dire aussi que la société étend la sphere de la pitié naturelle, & la rend d'un usage bien plus habituel. L'homme agreste & sauvage ne peut être que rarement ému. Il faut pour cela qu'il soit témoin de l'excès des douleurs ou des besoins, parce que les douleurs légeres ne sont pas même un malheur pour lui, & qu'on ne plaint pas autrui de ce que soi-même on ne redoute pas. Mais il entre tant d'attirail & d'élémens dans le bonheur d'un homme civilisé, il y a tant de privations qui le rendent réellement à plaindre, que la compassion naturelle peut s'exercer à son égard sur une infinité d'objets; & il n'est presque pas de momens, dans la société, où l'homme sensible ne puisse être tendrement intéressé. Heureux ceux en qui ce sentiment agit d'une maniere uniforme & constante! Adorés de ceux qui les environnent, chacun s'empresse de leur rendre la disposition qu'ils éprouvent, & dont ils jouiroient encore quand on ne la leur rendroit pas. On ne sauroit donc l'inspirer de trop bonne heure aux enfans, pour leur bien propre & celui de la société. On devroit chercher à l'exciter en eux par des spectacles pathétiques, & leur présenter des images attendrissantes qui les accoutumassent à s'en pénétrer. Des leçons d'humanité seroient plus de leur goût, & leur ſerviroient ſûrement plus que les mots barbares dont on les fatigue. Si ces idées ne ſont pas fort actives pendant l'effervefcence de la jeuneſſe, elles s'emparent du terrein que les paſſions abandonnent, & leur douceur remplace l'ivreſſe des plaiſirs. Elles élevent & rempliſſent l'ame. L'homme dont la journée auroit été employée à faire du bien, & qui le ſoir n'éprouveroit pas le ſentiment pur & complet du bonheur, ſeroit un être contradictoire & inconçevable.

Je dis, Monſieur, qu'on pourroit développer dans les enfans le germe d'une compaſſion vertueuſe, & que ce ſeroit leur préparer un avenir heureux. Il faut dire auſſi qu'il eſt facile de leur inſpirer tous les préjugés favorables, ſoit au bien des hommes en général, ſoit à l'avantage de la ſociété particuliere dans laquelle ils auront à vivre. Ces heureux préjugés faiſoient à Sparte autant de héros que de citoyens. Dans les ſituations où l'héroïſme n'eſt pas ſi néceſſaire, ils pourroient produire auſſi toutes les autres vertus relatives au bien public. L'amour-propre étant une fois dirigé vers un objet, une premiere action généreuse est un engagement pour la seconde; & des efforts qu'on a faits, naît l'estime de soi-même, qui soutient & assure le caractere qu'on s'est donné. On devient pour soi le juge le plus sévere. Cet orgueil estimable maîtrise l'ame, & produit ces vertus sublimes que leur rareté fait regarder comme hors de la nature. L'estime de soi-même est le seul principe de toutes les actions fortes & généreuses, qui ne sont pas commandées par le fanatisme. On ne doit point en attendre de tout esclave avili par la crainte. L'asservissement ne conduit qu'à la bassesse & au crime. Mais cette éducation qui modifie ainsi les hommes en général, & leur imprime un caractere, sont-ce les préceptes, les instructions, les livres de morale qui peuvent la donner? L'expérience n'apprend que trop que la raison, la discussion, l'exposition froide de la vérité n'ont aucun pouvoir sur la plupart des hommes. L'homme est un animal imitateur. C'est l'action, c'est la passion qui le modifie & le subjugue.

Excepté quelques ames privilégiées, qui jugent de l'essence des choses par ce qu'elles sentent elles-mêmes, & qui sont faites pour résister au torrent, les autres sont entraînées par l'imitation. C'est elle qui fait prosterner l'enfant aux pieds des autels, qui donne l'air & souvent le caractere grave au fils d'un magistrat, & la contenance fiere avec le courage à celui d'un guerrier. Dans une société nombreuse, les modifications se combinent à l'infini; mais l'influence de l'opinion la plus générale donne à tous ceux qui composent chaque société particuliere, un air de ressemblance qui la distingue des autres. La continuité des exemples domestiques fait sans doute une impression forte sur les enfans; mais si les mœurs publiques sont en contradiction avec ces exemples, leur impression plus forte anéantit la premiere dans les adolescens. Ainsi les hommes, avec les mêmes besoins & les mêmes moyens, peuvent être différens, & même essentiellement, d'un siecle à l'autre, comme de nation à nation. On a vu depuis peu le siecle de la chevalerie, les siecles des beaux arts; on voit peut-être celui de la philosophie, & malheureusement on a vu plusieurs siecles de barbarie, de fanatisme & de superstition chez plusieurs nations différentes. Puisque ce sont l'exemple & l'opinion qui déterminent dans la société les objets auxquels l'amour du bien-être doit faire aspirer les particuliers qui la composent, il s'ensuit que les hommes, pris en masse, sont le produit de l'exemple & de l'opinion, & qu'il est à peu près possible de leur donner la forme qu'on veut. Cela est sur-tout facile dans une monarchie, parce que le trône est un piédestal sur lequel, par mille raisons, l'imitation va chercher son modele. Si les républiques ont, dans l'égalité qui est de leur essence, un excellent moyen de conserver les mœurs pendant un certain tems; lorsqu'enfin, par le progrès naturel des choses, ces mœurs se sont une fois corrompues, le désordre y devient beaucoup plus difficile à réparer. Le principe d'égalité ne permet point qu'un homme devienne un spectacle entraînant pour les autres, & la vertu de Caton fut une satyre inutile des vices de son tems. Mais quelle que soit la forme du gouvernement, les opinions & les mœurs y dépendent infiniment de la situation actuelle de l'état, soit intérieure soit relative à ses voisins. S'il est tranquille au dehors, & qu'au dedans le bon ordre & l'aisance rendent les citoyens heureux, vous verrez éclorre les arts de plaisir; & la mollesse, marchant à leur suite, énerver les corps, engourdir les courages, & conduire à l'affaissement par la volupté. Si des troubles étrangers ou des divisions intestines menacent la sûreté des citoyens, la vigilance naîtra de l'inquiétude; l'espoir, la crainte & la haine agiteront une partie de la nation; & ces passions, portées à un haut degré, produiront des efforts, des talens & des crimes hardis. De tout ce que nous avons dit, Monsieur, on peut conclure que l'homme, quoique composé d'élémens simples, n'a point cependant de caractere particulier auquel on puisse reconnoître tous les individus. L'amour du bien-être lui est commun avec tous les êtres sensibles; mais toutes les modifications reçues dans la société varient à l'infini, pour lui, les moyens d'être bien. Il en résulte une foule de goûts particuliers dissemblables, dont il faudroit connoître la génération pour pouvoir les expliquer. C'est ce qui rend souvent, dans le détail, les hommes incompréhensibles & disparates; c'est ce qui fait que les regles, prétendues générales, ne sont applicables à presqu'aucun cas particulier. En jugeant des actions, on suppose aux autres les motifs qu'on auroit eu à leur place; & le petit nombre de ceux qui ont mis leur amour-propre à être honnêtes, y perdent toujours. Mais en considérant combien il entre d'élémens involontaires dans les déterminations & les jugemens de la plûpart des individus, on doit être porté à une extrême indulgence pour l'espece entiere. Je vous en demande aussi, Monsieur, pour la longueur de cette lettre, dans laquelle pourtant je n'ai fait qu'effleurer une petite partie du grand sujet de l'homme. Je ne suis entré dans aucun détail, ni sur la formation du langage, dont l'étendue lui donne tant d'avantage, ni sur le privilege de l'écriture, qui fixe & perpétue ses connoissances, ni ſur l'invention & les progrès de ſes différens arts, ni ſur ſa diſpoſition naturelle à l'adoration & au culte de la Divinité, qui lui rendoit ſi néceſſaire, pour la régler, une révélation qui lui a été ſi utile. Mais, comme je vous en ai prévenu, j'ai dû me borner, dans mon eſquiſſe, à quelques traits principaux, & il faut bien que vous vous contentiez de ce que je puis.

J'ai l'honeur d'être, &c.

www.ingramcontent.com/pod-product-compliance
Ingram Content Group UK Ltd.
Pitfield, Milton Keynes, MK11 3LW, UK
UKHW020115200726
13856UKWH00002B/561